人工智能算法
（卷1）：基础算法

Artificial Intelligence for Humans
Volume 1: Fundamental Algorithms

[美] 杰弗瑞·希顿（Jeffery Heaton）著　李尔超 译

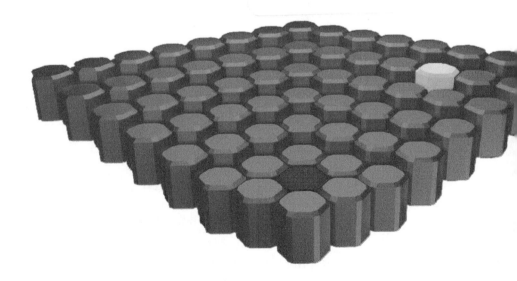

人民邮电出版社
北　京

图书在版编目（CIP）数据

人工智能算法. 卷1，基础算法 / （美）杰弗瑞·希
顿（Jeffery Heaton）著；李尔超译. -- 北京：人民
邮电出版社，2020.1
ISBN 978-7-115-52340-2

Ⅰ．①人… Ⅱ．①杰… ②李… Ⅲ．①人工智能—算
法理论 Ⅳ．①TP311

中国版本图书馆CIP数据核字(2019)第282443号

◆ 著　　　　[美] 杰弗瑞·希顿（Jeffery Heaton）

　　译　　　　李尔超

　　责任编辑　陈冀康

　　责任印制　焦志炜

◆ 人民邮电出版社出版发行　　北京市丰台区成寿寺路 11 号

　　邮编　100164　　电子邮件　315@ptpress.com.cn

　　网址　http://www.ptpress.com.cn

　　北京九州迅驰传媒文化有限公司印刷

◆ 开本：720×960　1/16

　　印张：11.75　　　　　　　　2020 年 1 月第 1 版

　　字数：146 千字　　　　　　2025 年 3 月北京第 27 次印刷

　　著作权合同登记号　图字：01-2019-5164 号

定价：59.00 元

读者服务热线：(010)81055410　印装质量热线：(010)81055316
反盗版热线：(010)81055315

内容提要

  算法是人工智能技术的核心。本书介绍了人工智能的基础算法，全书共 10 章，涉及维度法、距离度量算法、K 均值聚类算法、误差计算、爬山算法、模拟退火算法、Nelder–Mead 算法和线性回归算法等。书中所有算法均配以具体的数值计算来进行讲解，读者可以自行尝试。每章都配有程序示例，GitHub 上有多种语言版本的示例代码可供下载。

  本书适合作为人工智能入门读者以及对人工智能算法感兴趣的读者阅读参考。

前言 / PREFACE

人工智能（Artificial Intelligence，AI）是一个覆盖许多下级学科的宽泛领域，本系列图书涵盖了当中的部分特定主题，而本书则是系列书的第1卷。接下来几小节将会对本系列图书和本卷一一进行介绍。

系列图书介绍

本系列图书将向读者介绍人工智能领域的各种热门主题。由于人工智能是一个庞大而繁杂的领域，并且其涵盖的内容与日俱增，任何一本书都只可能专注于特定领域，因此本书也无意成为一本巨细靡遗的人工智能教程。

本系列图书以一种数学上易于理解的方式讲授人工智能相关概念，这也是本系列图书英文书名中"for Human"的含义。此外：

- 本系列图书假定读者精通至少一门编程语言；
- 本系列图书假定读者对大学代数课程有基本的了解；
- 本系列图书将使用微积分、线性代数、微分方程与统计学中的相关概念和公式；
- 但是在解释上述第3点的相关内容时，本系列图书并不会假定读者对相关内容十分熟练；
- 所有概念都不仅有数学公式，还附有编程实例和伪代码。

本系列图书的目标读者是精通至少一门编程语言的程序员，且书中示例均已改写为多种编程语言的形式。

编程语言

本书中只是给出了伪代码，而具体示例代码则以Java、C#、R、C/C++和Python等语言形式提供，此外还有社区支持维护的Scala语言版本。社区成员们正在努力将示例代码转换为更多其他的编程语言，说不定当你拿到本书的时候，你喜欢的编程语言也有了相应的示例代码。访问本书的GitHub开源仓库可以获取更多信息，同时我们也鼓励社区协作来帮我们完成代码改写和移植工作。如果你也希望加入协作，我们将不胜感激。更多相关流程信息可以参见本书附录A。

在线实验环境

所有的线上实验环境资料均可在以下网址中找到：

http://www.aifh.org

这些在线环境使你就算是在移动设备上阅读电子书时也能尝试各种示例。

代码仓库

本系列图书中的所有代码均基于开源许可证Apache 2.0发布，相关内容可以在以下GitHub开源库中获取：

https://github.com/jeffheaton/aifh

附带JavaScript实验环境示例的在线实验环境则保存在以下GitHub开源库中：

https://github.com/jeffheaton/aifh-html[①]

---

① 定向内容已失效，读者可考虑访问另一个网址：https://www.heatonresearch.com/aifh/——译者注。

如果你发现有任何疏漏抑或不妥之处，欢迎在GitHub上分叉项目并推送提交来进行修订，你也将可以成为日益壮大的贡献者群体之一。更多关于贡献代码的信息请参见本书附录A。

系列图书出版计划

本系列图书的写作计划：

- 卷0：AI数学入门；
- 卷1：基础算法；
- 卷2：自然启发算法；
- 卷3：深度学习和神经网络；
- 卷4：支持向量机；
- 卷5：概率学习。

卷1~卷5将会依次出版；而卷0则会作为"提前计划好的前传"，在本系列图书的出版接近尾声之际完成。卷1~卷5会讲解必要的数学概念，卷0则会专注于对这些概念进行回顾，并在此基础上进行一定的拓展。

卷0既可以是阅读本系列图书的开端，也可以作为本系列图书的总结；卷1的阅读顺序最好在后续几卷之前；卷2的部分内容对读者理解卷3的内容又有所助益。图1展示了我们建议的合理的阅读顺序。

本系列图书的每一卷均可独立阅读，也可作为本系列图书整体阅读。但需要注意的是，卷1中列出了后续各卷所使用的各种基本算法，并且这些算法本身既是基础，也不失实用性。

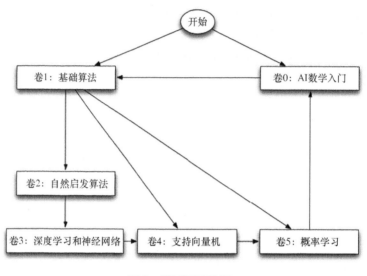

图1　卷目阅读流程

其他资源

当你在阅读本书的时候，互联网上还有很多别的资源可以帮助到你。

首先是可汗学院，上面收集整理了许多讲授各种数学概念的YouTube视频。你要是需要复习某个概念，可汗学院上很可能就有你需要的视频讲解，读者可以自行查找。

其次是网站"神经网络常见问答"。作为一个纯文本资源，上面拥有大量神经网络和其他人工智能领域的相关信息：

http://www.faqs.org/faqs/ai-faq/neural-nets/

此外，Encog项目的wiki页面也有许多机器学习方面的内容，并且这些内容并不局限于Encog项目：

http://www.heatonresearch.com/wiki/Main_Page

最后，Encog的论坛上也可以讨论人工智能和神经网络相关话题，这些论坛都非常活跃，你的问题很可能会得到某个社区成员甚至是我本人的回复：

http://www.heatonresearch.com/forum

基本算法介绍

欲建高楼，必重基础。本书会讲授诸如维度法、距离度量算法、聚类算法、误差计算、爬山算法、线性回归和离散学习这样的人工智能算法。这些算法对应于数据中特定模式的处理和识别，同时也是亚马逊（Amazon）和网飞（Netflix）这类网站中，各种推荐系统背后的逻辑。

这些算法不仅是后续各卷所介绍的算法的基础，其本身也大有用处。在本书中，这些算法的讲解均附以可操作性强的数值计算示例。

本书内容结构

第1章"AI入门"，介绍了本书或本系列图书其他各卷中会用到的部分人工智能相关的基本概念。大多数人工智能算法是接受一个输入数组，从而产生一个输出数组——人工智能所能解决的问题通常被归化为此类模型。而在算法模型内部，还需要有额外的数组来存储长短期记忆。算法的训练实际上就是通过调整长期记忆的值来产生对应于给定输入的预期输出的一个过程。

第2章"数据归一化"，描述了大多数人工智能算法对原始数据的预处理流程。数据需要以一个输入数组的形式传递给算法，但实践中获取到的数据并不一定都是数值型的，也有一些是类别信息，比如颜色、形状、性别、物种抑或其他一些非数值型的描述性特征。此外，就算是现成的数值型数据，也必须在一定范围内归一化，并且通常是归一化到 $(-1, 1)$ 区间。

第3章"距离度量"，展示了我们比较数据的方法，说起来这种比较方法其实跟在地图上标识出两点间的距离十分相像。人工智能通常以数值数组的形式处理数据，包括输入数据、输出数据、长期记忆、短期记忆和其他很多数据都是如此，这些数组很多时候也被称作"向量"。我们可以像计算两点间距离一样，计算出两个数据之间的差异（二维和三维的点可以分别看作长度为二和三的向量）。当然，在人工智能领域，我们经常要处理的是更高维空间中的数据。

第4章"随机数生成"，讲解了人工智能算法中随机数的生成和使用。本章由关于均匀随机数和正态随机数的讨论切入——出现这种不同的根源在于有的时候算法要求随机数具有等可能性，而有的时候又需要它们服从某种既定的分布。此外本章还讨论了生成随机数的方法。

第5章"K均值聚类算法"，详述了将数据按相似度分类的方法。K均值算法本身可以用来将数据按共性分组，同时也可以被用于组成更复杂的算法——比如遗传算法就利用K均值算法对种群按特征归类，各路网商也利用聚类算法划分顾客，依照同类型顾客的消费习惯调整销售策略。

第6章"误差计算"，演示了评估人工智能算法效果的方法。误差计算的过程由一个用以评估算法最终效果的评分函数执行，其结果决定了算法的效果。一类常用的评分函数只需要给定输入向量和预期输出向量，也就是所谓的"训练数据"；算法的效果则由实际输出与预期输出间的差异决定。

第7章"迈向机器学习"，概述了可以从数据中学习特征来优化结果的简单机器学习算法。大多数人工智能算法是用权值向量将输入向量转化为期望的输出向量，这些权值向量构成了算法的长期记忆，"训练"就是一个调整长期记忆以产生预期输出的过程。本章会演示几个具有学习能力的简单模型的构建方法，也会介绍一些简单但却行之有效的训练算法，能够调整这种长期记忆（权重向量）并优化输出结果——简单随机漫步和爬山算法正是其中之二。

第8章"优化训练"，在前面章节的基础上进行了一定的拓展，介绍了像模拟退火算法和Nelder-Mead法[①]这样用来快速优化人工智能模型权重的算法。本章还说明了如何通过一定的调整，将这些优化算法应用于之前提到的部分模型。

第9章"离散优化"，解释了如何优化非数值型的类别型数据。并非所有优化问题都是数值型的，还有离散型和类别型问题，比如背包问题和旅行商问题。本章将说明模拟退火算法可以用于处理这两个问题，并且该算法既适用于连续的数值型问题，也适用于离散的类别型问题。

第10章"线性回归"，讲解了如何用线性和非线性方程来学习趋势并做出预测。本章将介绍简单线性回归，并演示如何用它来拟合数据为线性模型。此外还将介绍可以拟合非线性数据的广义线性模型（General Linear Model，GLM）。

致　谢

作为一次成功的众筹产物，本系列图书才得以在2013年面世。

---

① 也称"下坡单纯形法""变形虫法"或"多胞形法"，是一种在多维空间中求目标函数最大/最小值的常用数值方法。由John Nelder和Roger Mead于1965年提出。——译者注

前

言

　　我衷心地感谢该项目的所有支持者，没有你们的支持就没有这套丛书。我还要特别感谢那些赞助超过100美元的支持者。这些支持者们按赞助顺序排列的名单如下。

Dr. Warren D. Lerner
Dave Snell
Oyvind R Lorentzen
Jeffrey Elrod
Anders Steffen Öding Andersen
Rick Cardarelle
Andy Eunson
Tracy Turnage Heaton
Davíð Helgason
Patrick Saint - laurent
Bradford Nazario Barr
Chris Duesing
Arsham Hatambeiki
Alex Brem
Randy J. Ray
Matthew Schissler
Matthew March
Yvonne Norton Leung
Travis Thaxton

　　此外还要特别感谢 Rick Cardarelle，他赞助的358美元一举使项目金额达到了要求的最低数额2500美元。也特别感谢 Rory Graves 和 Matic Potocnik 将示例代码转换为 Scala 代码。

　　谢谢大家，你们都是最友善的人！

资源与支持

本书由异步社区出品，社区（https://www.epubit.com/）为你提供相关资源和后续服务。

配套资源

本书提供如下资源：

● 本书配套源代码。

要获得以上配套资源，请在异步社区本书页面中点击 ，跳转到下载界面，按提示进行操作即可。注意：为保证购书读者的权益，该操作会给出相关提示，要求输入提取码进行验证。

提交勘误

作者和编辑尽最大努力来确保书中内容的准确性，但难免会存在疏漏。欢迎你将发现的问题反馈给我们，帮助我们提升图书的质量。

当你发现错误时，请登录异步社区，按书名搜索，进入本书页面，点击"提交勘误"，输入勘误信息，点击"提交"按钮即可。本书的作者和编辑会对你提交的勘误进行审核，确认并接受后，你将获赠异步社区的 100 积分。积分可用于在异步社区兑换优惠券、样书或奖品。

扫码关注本书

扫描下方二维码，你将会在异步社区微信服务号中看到本书信息及相关的服务提示。

与我们联系

我们的联系邮箱是 contact@epubit.com.cn。

如果你对本书有任何疑问或建议，请你发邮件给我们，并请在邮件标题中注明本书书名，以便我们更高效地做出反馈。

如果你有兴趣出版图书、录制教学视频，或者参与图书翻译、技术审校等工作，可以发邮件给我们；有意出版图书的作者也可以到异步社区在线提交投稿（直接访问 www.epubit.com/selfpublish/submission 即可）。

如果你是学校、培训机构或企业，想批量购买本书或异步社区出版的其他图书，也可以发邮件给我们。

如果你在网上发现有针对异步社区出品图书的各种形式的盗版行为，包括对图书全部或部分内容的非授权传播，请你将怀疑有侵权行为的链接发邮件给我们。你的这一举动是对作者权益的保护，也是我们持续为你提供有价值的内容的动力之源。

关于异步社区和异步图书

“异步社区”是人民邮电出版社旗下 IT 专业图书社区，致力于出版精品 IT 技术图书和相关学习产品，为作译者提供优质出版服务。异步社区创办于 2015 年 8 月，提供大量精品 IT 技术图书和电子书，以及高品质技术文章和视频课程。更多详情请访问异步社区官网 https://www.epubit.com。

“异步图书”是由异步社区编辑团队策划出版的精品 IT 专业图书的品牌，依托于人民邮电出版社近 30 年的计算机图书出版积累和专业编辑团队，相关图书在封面上印有异步图书的 LOGO。异步图书的出版领域包括软件开发、大数据、AI、测试、前端、网络技术等。

异步社区

微信服务号

目录 / CONTENTS

第 1 章　AI 入门 ·· 1

1.1　与人类大脑的联系 ·························· 2

1.1.1　大脑和真实世界 ···················· 3

1.1.2　缸中之脑 ·························· 5

1.2　对问题建模 ·································· 6

1.2.1　数据分类 ·························· 7

1.2.2　回归分析 ·························· 9

1.2.3　聚类问题 ························· 10

1.2.4　时序问题 ························· 10

1.3　对输入 / 输出建模 ·························· 11

1.3.1　一个简单的例子 ···················· 15

1.3.2　燃油效率 ························· 16

1.3.3　向算法传入图像 ···················· 18

1.3.4　金融算法 ························· 20

1.4　理解训练过程 ······························ 21

1.4.1　评估成果 ························· 22

1.4.2　批量学习和在线学习 ················ 22

1.4.3　监督学习和非监督学习 ·············· 23

1.4.4　随机学习和确定学习 ················ 23

1.5　本章小结 ································· 23

第 2 章　数据归一化 ······························· 25

2.1　计量尺度 ································· 25

2.1.1　定性观测值　···27

2.1.2　定量观测值　···28

2.2　观测值归一化　··29

2.2.1　名义量归一化　···30

2.2.2　顺序量归一化　···32

2.2.3　顺序量解归一化　···34

2.2.4　数字量归一化　···35

2.2.5　数字量解归一化　···37

2.3　其他归一化方法　···38

2.3.1　倒数归一化　···38

2.3.2　倒数解归一化　···39

2.3.3　理解等边编码法　···39

2.3.4　等边编码法的实现　·······································41

2.4　本章小结　··46

第3章　距离度量　···47

3.1　理解向量　··47

3.2　计算向量距离　···49

3.2.1　欧氏距离　··49

3.2.2　曼哈顿距离　···51

3.2.3　切比雪夫距离　···53

3.3　光学字符识别　···54

3.4　本章小结　··57

第 4 章　随机数生成 ···················· 59

4.1　伪随机数生成算法的概念 ·················60

4.2　随机数分布类型 ·················61

4.3　轮盘模拟法 ·················64

4.4　伪随机数生成算法 ·················65

4.4.1　线性同余生成法 ·················66

4.4.2　进位乘数法 ·················67

4.4.3　梅森旋转算法 ·················68

4.4.4　Box-Muller 转换法 ·················70

4.5　用蒙特卡洛方法估算 PI 值 ·················72

4.6　本章小结 ·················74

第 5 章　K 均值聚类算法 ···················· 75

5.1　理解训练集 ·················77

5.1.1　非监督学习 ·················77

5.1.2　监督学习 ·················80

5.2　理解 K 均值算法 ·················80

5.2.1　分配 ·················81

5.2.2　更新 ·················83

5.3　K 均值算法的初始化 ·················84

5.3.1　随机 K 均值初始化 ·················84

5.3.2　K 均值算法的 Forgy 初始化 ·················87

5.4　本章小结 ·················90

第 6 章　误差计算　　　　　　91

6.1　方差和误差　……………………………………92

6.2　均方根误差　……………………………………93

6.3　均方误差　………………………………………93

6.4　误差计算方法的比较　…………………………94

6.5　本章小结　………………………………………96

第 7 章　迈向机器学习　　　　97

7.1　多项式系数　……………………………………99

7.2　训练入门　…………………………………… 101

7.3　径向基函数网络　…………………………… 103

　7.3.1　径向基函数　……………………………… 104

　7.3.2　径向基函数网络　………………………… 107

　7.3.3　实现径向基函数网络　…………………… 109

　7.3.4　应用径向基函数网络　…………………… 113

7.4　本章小结　…………………………………… 115

第 8 章　优化训练　　　117

8.1　爬山算法　…………………………………… 117

8.2　模拟退火算法　……………………………… 121

　8.2.1　模拟退火算法的应用　…………………… 122

　8.2.2　模拟退火算法　…………………………… 123

　8.2.3　冷却进度　………………………………… 126

　8.2.4　退火概率　………………………………… 127

8.3　Nelder-Mead 算法 ······················· 128

　8.3.1　反射 ······························· 130

　8.3.2　扩张操作 ························· 131

　8.3.3　收缩操作 ························· 132

8.4　Nelder-Mead 算法的终止条件 ····· 133

8.5　本章小结 ································· 134

第 9 章　离散优化 ···················· 135

9.1　旅行商问题 ····························· 135

　9.1.1　旅行商问题简要说明 ········· 136

　9.1.2　旅行商问题求解的实现 ····· 137

9.2　环形旅行商问题 ····················· 138

9.3　背包问题 ································· 139

　9.3.1　背包问题简要说明 ············· 140

　9.3.2　背包问题求解的实现 ········· 141

9.4　本章小结 ································· 143

第 10 章　线性回归 ·················· 144

10.1　线性回归 ······························· 144

　10.1.1　最小二乘法拟合 ··············· 146

　10.1.2　最小二乘法拟合示例 ········· 148

　10.1.3　安斯库姆四重奏 ··············· 149

　10.1.4　鲍鱼数据集 ····················· 151

10.2　广义线性模型 ····················· 152

10.3　本章小结 ····························· 155

附录 A　示例代码使用说明 ┄┄┄┄┄┄┄┄┄┄┄ **157**

A.1　系列图书简介 ┄┄┄┄┄┄┄┄┄┄┄┄┄┄ 157

A.2　保持更新┄┄┄┄┄┄┄┄┄┄┄┄┄┄┄┄ 157

A.3　获取示例代码┄┄┄┄┄┄┄┄┄┄┄┄┄┄ 158

　A.3.1　下载压缩文件 ┄┄┄┄┄┄┄┄┄┄┄ 158

　A.3.2　克隆 Git 仓库 ┄┄┄┄┄┄┄┄┄┄┄ 159

A.4　示例代码的内容┄┄┄┄┄┄┄┄┄┄┄┄ 159

A.5　如何为项目做贡献┄┄┄┄┄┄┄┄┄┄┄ 163

参考资料 ┄┄┄┄┄┄┄┄┄┄┄┄┄┄┄┄┄┄ **164**

第1章

AI 入门

本章要点：

- AI 与人类大脑的联系；
- 对输入/输出建模；
- 分类和回归；
- 时间序列；
- 训练。

外行人都以为人工智能是人造大脑，并且总把它和科幻电影中的机器人联系起来，而实际上这些科幻场景与现如今的人工智能没什么太大关系。人工智能确实跟人类大脑很相似，但它们的显著差异在于人工智能是人造的——人工智能不必具备生物特性。

在进一步深入学习之前，还要介绍一些与人工智能算法交互的通用概念。人工智能算法也称为"模型"，本质上是一种用以解决问题的技术。现在已经有很多特性各异的人工智能算法了，最常用的有神经网络、支持向量机、贝叶斯网络和隐马尔科夫模型等，本丛书将一一述及这些模型。

对于人工智能从业者来说，如何将问题建模为人工智能程序可处理的形式是至关重要的，因为这是与人工智能算法交互的主要方式。接下来我们将以人类大脑与现实世界的交互方式为引，展开本章关于基本知识的讲解。

1.1 与人类大脑的联系

人工智能的目标是使计算机可以如人脑一样工作，但这并不意味着人工智能需要在方方面面都向人脑看齐。某个人工智能算法与人脑真实功能的匹配程度称为"生物似真性"。

艾伦脑科学研究所（Allen Institute of Brain Science）的首席科学官 Christof Koch 曾断言大脑"是已知宇宙中最复杂的东西"[①]。而在人工智能的学科背景下，大脑本质上就是一种深奥、繁复的技术，我们有必要对它进行研究，通过逆向工程来解析它的工作原理和机制，从而模仿它的功能。

当然，大脑并非我们向自然界学习的唯一一种"高深技术"，飞行也是其中一种。早期的飞机试图模仿鸟类扑动的双翼，然而这种被称作"扑翼机"的飞行器效果却不尽人意。图1-1是"灰雁扑翼机"的专利图。

在20世纪早期，活生生的鸟儿是飞行器唯一参照的模型。这好像也很合理，毕竟它们是飞行专家。然而从飞行器的试飞情况来看，人类不应该试图去完全照搬自然界的解决方案。尽管我们想要模仿的只是"飞行"这个最终结果，但照搬鸟类的飞行姿态却无法制造出一台实用的飞行器。

---

①   Koch, 2013。

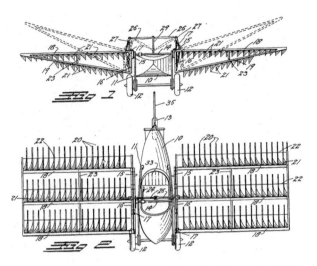

图1-1　灰雁扑翼机专利图（美国专利号1730758）

　　"仿真"这个抽象概念存在于很多语境中，比如我的MacBook Pro既可以仿真一台Windows PC，也可以仿真一台Commodore 64。而C64的古旧并不仅仅体现在外观上，它的驱动指令集和如今很多电脑通用的Intel x86指令集大不一样，因此Mac在仿真一台C64机器的时候并不会去模拟C64 6510微处理器的实际晶体管结构，而是在更高的抽象层面进行仿真。人工智能与此同理，有一部分算法会模拟神经元，而还有一些算法则是像C64仿真器一样，在更抽象的层面进行仿真——我们只关心在PC环境中提供相应功能的最终目标，而不必模拟大脑中产生功能性的全部过程。

　　方向比方式更重要。人脑和大多数人工智能算法在高度抽象层面具有很多相似性，本节将就此给出实证。

1.1.1　大脑和真实世界

　　在开始讨论之前，我们需要从外部视角来看看大脑的工作机制。

毕竟，不像我们对大脑内部机理知之甚少那样，我们对大脑的外部工作机制倒是颇有一些了解。

大脑本质上是一个由神经连接的黑箱，这些神经负责在大脑和身体之间传递信号。一组特定的输入信号会产生特定的输出，比如当感觉到手指就要碰到滚烫的火炉时，其他神经就会向你的肌肉发出指令来收回手指。

另外一个需要注意的重点是大脑还存在一种内部状态。想想当你突然听到一声号角，你的反应不仅仅取决于号角声的刺激，同时也取决于你在何时何地听到这声号角——在一场电影中途听到一声号角，和在你穿过熙熙攘攘的大街时听到一声号角会引起截然不同的反应。你所处的环境会为你的大脑设定一个特定的内部状态，从而使大脑对不同情境产生不同的反应。

接受刺激的顺序同样也很重要。有一种常见的游戏就是闭上眼睛，尝试只通过触觉识物。你并不能在抓住物体的第一时间获取到足够的信息来判断出它是什么，而需要通过不断移动手指感受其形状，才能得到足够的信息勾勒出这个物体的图景，判断出它的类别。

你大可以把人脑视为具有一系列输入/输出的黑箱。我们的神经给我们提供了对世界的全部认知，它们本身也是大脑的输入信号，并且对于正常的大脑来说是一个数量有限的输入。

同样，我们与真实世界交互的唯一渠道就是那些从神经到肌肉的输出信号。人脑的输出实际上是一个关于输入信号和大脑内部状态的一个函数，对应于任何输入信号，人脑都会相应调整它的内部状态同时产生输出信号。并且输入信号的顺序影响或大或小，都取决于当时大脑的内部状态。

1.1.2　缸中之脑

假如我们与真实世界的唯一交互渠道就是从感受器获得的输入和通过运动神经作用的输出，那么"真实"究竟是什么？你的大脑既可以与你的身体耦合，也可以像电影《黑客帝国》中的场景一样，跟一个仿真装置耦合。假如大脑的输出能够产生预期的输入反馈，那么你又应当如何区别真实与虚幻？

以上正是一个著名的哲学思想实验："缸中之脑"。图1-2形象地阐释了这个思想实验。图中的大脑认为他的身体正在遛狗，可实际上这个大脑真的有身体吗？甚至这条狗存在吗？"存在"这个词本身又意味着什么呢？我们所知的一切都不过来自神经系统的信号传递[1]。

图1-2　缸中之脑

这个思想实验假想某人的大脑可以脱离身体依靠维生系统保持活

---

[1]　Sigiel, 1999。

性。大脑的神经连接到一台可以用电脉冲完全仿真大脑实际接收信号的超级计算机上，之后这台超级计算机将通过对大脑的输出信号产生相应的响应这样的方式，模拟真实世界。这样一来，这个离体的大脑将依旧保持对外部"真实世界"完全正常的认知体验。甚至确实就有哲学理论认为我们生活在一个仿真的世界里[①]。

一种尝试对人脑直接建模的算法就是"神经网络"。神经网络是人工智能研究的一个小分支，而它又与你将在本丛书中学到的很多算法惊人地一致。

基于计算机的神经网络不同于人脑，因为它们毕竟不具有通用性。现有的神经网络都只能解决特定的问题，应用范围有限。人工智能算法会基于算法内部状态和当前接收到的输入产生输出信号，并以此来认知现实。因此，算法所谓的"现实"常常会随着研究人员实验的进行而变化。

无论你是在为一个机器人还是为一个股民编写人工智能的程序，输入数据、输出数据和内部状态构成的模型适用于大多数人工智能算法——之所以说"大多数"，是因为当然也存在更加复杂的算法。

1.2 对问题建模

掌握将真实世界建模为机器学习算法的方法至关重要。针对不同的问题有不同的算法，在最抽象的层面，你可以按以下4种方式之一为你的问题建模：

- 数据分类；
- 回归分析；

① Bostrum, 2003。

- 聚类问题；
- 时序问题。

当然有时也需要综合多种方式来对问题进行建模。接下来将从数据分类开始，对以上方法逐一进行讲解。

1.2.1 数据分类

分类问题试图将输入数据归为某一类，通常是监督学习，即由用户提供数据和机器学习算法的预期输出结果。在数据分类问题中，预期结果就是数据类别。

监督学习处理的都是已知数据，在训练期间，机器学习算法的性能由对已知数据的分类效果来评估。理想状态是算法经过训练之后，也能够正确分类未知数据。

包含了鸢尾花测量数据的费雪鸢尾花数据集[①]是一个分类问题样例。这也是最著名的数据集之一，通常被用来评估机器学习算法的性能。完整的数据集可在以下网址获取：

http://www.heatonresearch.com/wiki/Iris_Data_Set[②]

下面是一个该数据集中的小样本。

```
"Sepal Length","Sepal Width","Petal Length","Petal
Width","Species"
5.1,3.5,1.4,0.2,"setosa"
```

---

① 又称"安德森鸢尾花数据集"或"鸢尾花数据集"，由埃德加·安德森建立，在罗纳德·费雪1936年论文《多重测量在分类问题中的应用》之后被广泛使用。——译者注
② 定向内容已失效，读者可考虑访问另一个网址：http://archive.ics.uci.edu/ml/datasets/Iris。——译者注

```
4.9,3.0,1.4,0.2, "setosa"
4.7,3.2,1.3,0.2, "setosa"
...
7.0,3.2,4.7,1.4, "versicolor"
6.4,3.2,4.5,1.5, "versicolor"
6.9,3.1,4.9,1.5, "versicolor"
...
6.3,3.3,6.0,2.5, "virginica"
5.8,2.7,5.1,1.9, "virginica"
7.1,3.0,5.9,2.1, "virginica"
```

上面的数据显示为逗号分隔值文件（Comma Separated Values，CSV）格式，这是一种在机器学习中很常见的输入数据格式。如样本所示，文件首行内容通常是每列数据的定义。在样本中，每朵花都有5个维度的信息：

- 花萼长度；
- 花萼宽度；
- 花瓣长度；
- 花瓣宽度；
- 种属。

对分类问题来说，算法需要在给定花萼和花瓣长、宽的情况下，判断花的种属，这个种属也就是这朵花所属的"类"[①]。

"类"一般是一种非数值型数据属性，因此类中的成员必须有非常良好的定义。比如说这个鸢尾花数据集中只有3种不同种属的鸢尾花，那么用这个数据集训练的机器学习算法就不能指望它能够辨识玫瑰。此外，所有的类中元素在训练时都必须是已知数据。

---

① 本书中的"类"无特殊说明一般是"种类"之意。区别于面向对象中的"类"。——译者注

1.2.2 回归分析

在1.2.1节中，我们学习了如何对数据进行分类。但一般来说，所要的输出通常并不是简单的类别数据，而是数值数据，譬如要计算汽车的燃油效率，那么在给定发动机规格和车身重量之后，就应该可以算出特定车型的燃油效率。

下面列举了5种车型的燃油效率：

```
"mpg", "cylinders", "displacement", "horsepower", "weight",
"acceleration", "model year", "origin", "car name"
18.0,8,307.0,130.0,3504.,12.0,70,1, "chevrolet chevelle malibu"
15.0,8,350.0,165.0,3693.,11.5,70,1, "buick skylark 320"
18.0,8,318.0,150.0,3436.,11.0,70,1, "plymouth satellite"
16.0,8,304.0,150.0,3433.,12.0,70,1, "amc rebel sst"
17.0,8,302.0,140.0,3449.,10.5,70,1, "ford torino"
...
```

完整的数据集可以在下面这个网址获取：

http://www.heatonresearch.com/wiki/MPG_Data_Set[①]

回归分析旨在用汽车相关的输入数据训练算法，使之能够根据输入计算得到特定的输出。在这个例子中，算法需要给出特定车型最可能的燃油效率。

另外需要注意，文件中并不是每个数据都有用，比如"车型"和"产地"两列数据就没什么用处。"车型（car name）"被排除在有效数据之外是因为它跟燃油效率压根儿没什么关系，而"产地（origin）"也同样跟燃油效率关系不大——虽说"产地"这一项以数

---

① 定向内容已失效，读者可考虑访问另一个网址：https://archive.ics.uci.edu/ml/datasets/auto+mpg。——译者注

值形式给出了汽车的生产区域,并且某些地区比较重视燃油效率这一参数,但这个数据实在有些过于宽泛了,因此弃之不用。

1.2.3 聚类问题

聚类问题跟分类问题很像,在这两类问题中,计算机都要将输入数据进行编组。在训练开始之前,程序员通常要预先指定聚类的簇的数目,计算机则根据输入数据将相近项放到一起。由于并未指定给定输入一定属于某个簇,因此在缺乏目标输出数据时,聚类算法极为有用。也因为没有指定的预期输出,所以聚类算法属于非监督学习。

想想1.2.2节中汽车相关的数据,你可以用聚类算法把汽车分为4组,每一组中都会是一些特性相近的车型。

聚类问题和分类问题的不同之处在于,聚类问题给了算法更大的自由度,令其从数据中自行发现规律;而分类问题则需要给算法指定已知数据的类别,从而使它最终能够正确识别不曾用来训练过的新数据。

聚类和分类算法处理新数据的方式大相径庭。分类算法的最终目的是根据训练过的前序数据能够正确辨识新数据;而聚类算法中就没有"新数据"这样的说法,要想在现有的分组中添加新数据,就必须重新划分整个数据集。

1.2.4 时序问题

机器学习算法的工作原理有些像数学中的函数,将输入值映射为特定的输出值。如果机器学习算法没有"内部状态"的存在,那么给定的输入数据集总会产生相同的输出。然而,许多机器学习算法都不存在可以改变或者影响输出的所谓"内部状态"。譬如说,对汽车数据而言，你会希望分类算法的计算结果拟合了全部数据，而不仅仅拟合它接受的最后几辆车的数据。

　　一般来说时序都很重要，虽然有一部分机器学习算法支持时序，却也有一部分并不支持这个功能。如果仅仅是对汽车或鸢尾花进行分类，倒也确实不必太过在意时序；但要是仅有的输入是当前股票价格，那时序就有着举足轻重的作用了，因为某天某只股票的单一价格对预测价格走势没有什么帮助，但拉长时间区间，综合数天的股票价格得到的走势可能就大有用处了。

　　也有一些方法可以将时间序列数据转换到不支持时序的算法上，这样你就要把前几天的数据也作为输入的一部分。比如你可以用5个输入来代表要预测那天的前5个交易日的数据。

1.3　对输入 / 输出建模

　　在本章前面部分提到过，机器学习算法实际上就是给定输入，产生输出，而输出又受到算法本身的长短期记忆影响。图1-3展示了机器学习算法中长短期记忆如何参与产生输出的过程。

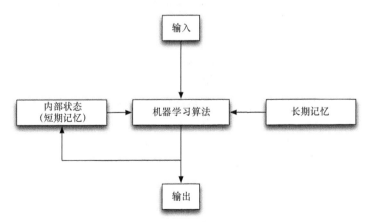

图1-3　机器学习算法抽象图示

如图1-3所示，算法接受输入，产生输出。大多数机器学习算法的输入和输出是完全同步的，只有给定输入，才会产生输出，而不像人脑，既可以对输出做出响应，偶尔也能够在没有输入的情况下自行产生输出。

到目前为止，我们一直在抽象地谈论输入/输出模式，你一定很好奇输入/输出到底长什么样儿。实际上，输入和输出都是向量形式，而向量本质上就是一个如下所示的浮点数组：

```
Input:[-0.245,.283,0.0]
Output:[0.782,0.543]
```

绝大多数机器学习算法的输入和输出数目是固定的，就像计算机程序中的函数一样。输入数据可以被视作函数参数，而输出则是函数的返回值。就上例而言，算法会接受3个输入值，返回两个输出值，并且这些数目一般不会有什么变化，这也就导致对特定的算法而言，输入和输出模式的元素数量也不会改变。

要使用这种算法，就必须将特定问题的输入转化为浮点数数组，同样，问题的解也会是浮点数数组。说真的，这已经是大多数算法所能做的极限了，机器学习算法说穿了也就是把一个数组转换为另一个数组罢了。

在传统编程实践中，许多模式识别算法有点儿像用来映射键值对的哈希表，而哈希表在很大程度上与字典又有些相似之处，因为它们都是一个条目对应一个含义。哈希表一般长下面这样儿：

- "hear" –> "to perceive or apprehend by the ear"；
- "run" –> "to go faster than a walk"；
- "write" –> "to form (as characters or symbols) on a surface with an instrument (as a pen)"。

上例这个哈希表是一些单词到定义的映射，其中将字符串形式的键映射为同样是字符串形式的值。你给出一个键（单词），哈希表就会返回一个值（对应单词的定义），这也是大多数机器学习算法的工作原理。

在所有程序中，哈希表都由键值对组成，机器学习算法输入层的输入模式可以类比为哈希表中的"键"，而输出层的返回模式也可以类比为哈希表中的"值"——唯一的不同在于机器学习算法比一个简单的哈希表更为复杂。

还有一个问题是，如果我们给上面这个哈希表传入一个不在映射中的键会怎么样呢？比如说传入一个名为"wrote"的键。其结果是哈希表会返回一个空值，或者会尝试指出找不到指定的键。而机器学习算法则不同，算法并不会返回空值，而是会返回最接近的匹配项或者匹配的概率。比如你要是给上面这个算法传入一个"wrote"，很可能就会得到你想要的"write"的值。

机器学习算法不仅会找最接近的匹配项，还会微调输出以适应缺失值。当然，上面这个例子中没有足够的数据给算法来调整输出，毕竟其中只有3个实例。在数据有限的情况下，"最接近的匹配项"没有什么实际意义。

上面这个映射关系也给我们提出了另一个关键问题：对于给定的接受一个浮点数组返回另一个浮点数组的算法来说，如何传入一个字符串形式的值呢？下面介绍一种方法，虽然这种方法更适合处理数值型数据，但也不失为一种解决办法。

词袋算法[1]是一种编码字符串的常见方法。在这个算法模型中，每个输入值都代表一个特定单词出现的次数，整个输入向量就由这些

---

① Harris, 1954。

值构成。以下面这个字符串为例：

```
Of Mice and Men
Three Blind Mice
Blind Man's Bluff
Mice and More Mice
```

由上例我们可以得到下面这些不重复的单词，这就是我们的一个"字典"：

```
Input 0 :and
Input 1 :blind
Input 2 :bluff
Input 3 :man's
Input 4 :men
Input 5 :mice
Input 6 :more
Input 7 :of
Input 8 :three
```

因此，例子中的4行字符串可以被编码如下：

```
Of Mice and Men [0 4 5 7]
Three Blind Mice [1 5 8]
Blind Man's Bluff [1 2 3]
Mice and More Mice [0 5 6]
```

我们还必须用0来填充字符串中不存在的单词，最终结果会是下面这样：

```
Of Mice and Men [1,0,0,0,1,1,0,1,0]
Three Blind Mice [0,1,0,0,0,1,0,0,1]
Blind Man's Bluff [0,1,1,1,0,0,0,0,0]
Mice and More Mice [1,0,0,0,0,2,1,0,0]
```

请注意，因为我们的"字典"中总共有9个单词，所以我们得到的是长度为9的定长向量。向量中每一个元素的值都代表着字典中对应单词出现的次数，而这些元素在向量中的编号则对应着字典中有效单词的索引。构成每个字符串的单词集合都仅仅是字典的一个子集，这就导致向量中大多数值是0。

如上例所示，机器学习程序最大的特征之一是会把问题建模为定长浮点数组。下面的小节会用几个例子来演示如何进行这种建模。

1.3.1 一个简单的例子

你要是读过机器学习相关的资料，就一定见过"XOR"（即逻辑异或，eXclusive OR）这个运算符，模仿异或操作的人工智能程序堪称人工智能界的"Hello World"。本书确实有比XOR运算符复杂得多的内容，但XOR运算符依然是最佳入门案例。我们也将从XOR运算符上手。首先将其视作一个哈希表——如果你对XOR运算符不太熟悉的话，可以类比一下AND和OR运算符，它们工作原理十分相似，都是接受二元输入从而产生一个布尔值的输出。AND运算符当二元输入都为真时，输出则为真；而OR运算符只要二元输入中有一个为真，输出就为真。

对于XOR运算符而言，只有当其二元输入互异时，输出才为真。XOR运算符的真值表如下：

```
False XOR False = False
True XOR False = True
False XOR True = True
True XOR True = False
```

将上面的真值表用哈希表形式表示的话，会是下面这样：

```
[0.0,0.0] -> [0.0]
[1.0,0.0] -> [1.0]
[0.0,1.0] -> [1.0]
```

```
[1.0,1.0] -> [0.0]
```

以上映射展现了这个算法中输入和理想的预期输出间的关系。

 ## 1.3.2 燃油效率

机器学习问题通常需要处理一组数据，通过计算来对输出进行预测，或者对一系列行为进行决策。以一个包含以下字段的汽车数据库为例：

- 汽车重量；
- 发动机排量；
- 气缸数；
- 功率；
- 混合动力或常规动力；
- 燃油效率。

假如你已经收集到了以上字段对应的数据，那么你就能够建立模型并基于其余属性对应的值对某个属性的值进行预测了。举个例子，让我们来预测一下汽车的燃油效率。

首先我们要把问题归化为一个映射到输出浮点数组的输入浮点数组，并且每个数组元素的取值范围应该在 0 ~ 1 或 –1 ~ 1，这一步操作称为"归一化"。归一化将在第 2 章中详细介绍。

首先我们来看看如何归一化上例数据。考虑一下输入、输出数据格式，我们总共有 6 个字段属性，并且要用其中 5 个来预测第 6 个属性，所以算法要有 5 个输入和 1 个输出。

算法的输入和输出大概是像下面这样：

- 输入 1 : 汽车重量 ;
- 输入 2 : 发动机排量 ;
- 输入 3 : 气缸数 ;
- 输入 4 : 功率 ;
- 输入 5 : 混合动力或常规动力 ;
- 输出 1 : 燃油效率。

我们需要对数据进行归一化，首先要为每个值选定一个合理的区间，然后再在保持相对大小不变的情况下将这些值转换为（0, 1）区间中的值。下面这个例子就为这些值选定了一个合理的区间 :

- 汽车重量 : 45 ～ 2 268 千克 ;
- 发动机排量 : 0.1 ～ 10 升 ;
- 气缸数 : 2 ～ 12 个 ;
- 功率 : 0.736 ～ 736 千瓦 ;
- 混合动力或常规动力 : "真" 或 "假" ;
- 燃油效率 : 0.425 ～ 212.6 千米/升。

这些范围对如今的汽车而言取得有些大了，不过却保证了未来不需要怎么重构就可以继续使用这个算法。大范围也有大范围的优点，那就是不至于产生太多极端数据。

现在来看一个例子，怎么样归一化一个 900 千克的重量数据呢？重量的取值区间大小是 2 223 千克，在区间中这个重量的相对大小是 855（900-45）千克，占取值区间的百分比是 0.385（855 / 2 223），因此我们会给算法的输入传入一个 0.385 的值来代表 900 千克的重量。这也满足了常见的输入为（0, 1）区间的范围要求。

"混合动力或常规动力" 的值是真或假的布尔值，只要用 1 代表混合动力，用 0 代表常规动力，就轻易完成了布尔值到 1 或 0 两个值的归一化。

1.3.3　向算法传入图像

图像是算法的常见输入源。本节我们将介绍一种归一化图像的方法，这种方法虽然不太高级，但效果很不错。

以一个300像素×300像素的全彩图像为例，90 000个像素点乘以3个RGB色彩通道数，总共有270 000个像素。要是我们把每个像素都作为输入，就会有270 000个输入——这对大多数算法来说都太多了。

因此，我们需要一个降采样的过程。图1-4是一幅全分辨率图像。

图1-4　一幅全分辨率图像

我们要把它降采样为32像素×32像素的图像，如图1-5所示。

图1-5　降采样后的图像

　　在图片被压缩为32像素 × 32像素之后，其网格状模式使得我们可以按像素来生成算法的输入。如果算法只能分辨每个像素点的亮度的话，那么只需要1 024个输入就够了——只能分辨亮度意味着算法只能"看见"黑色和白色。

　　要是希望算法能够辨识色彩，还需要向算法提供每个像素点的红绿蓝 3 色（RGB）光强的值，这就意味着每个像素点有 3 个输入，一下子把输入数据的数目提升到了 3 072 个。

　　通常 RGB 值的范围在 0 ～ 255，要为算法创建输入数据，就要先把光强除以 255 来得到一个"光强百分数"，比如光强度 10 经过计算就会变成 0.039（10/255）。

　　你可能还想知道输出的处理办法。在这个例子中，输出应该表明算法认为图片内容是什么。通常的解决方案是为需要算法识别的每种图片创建一个输出通道，训练好的算法会在置信的图片种类对应的输出通道返回一个值 1.0。

在1.3.4节中，我们将以金融算法为例，继续讲解针对实际问题格式化算法的方法。

1.3.4 金融算法

金融预测是一种时间算法的常见应用。所谓"时间算法"，指的是接受时变性输入值的一种算法。要是算法支持短期记忆（即内部状态）的话，也就意味着自动支持输入范围的时变性。要是算法不具有内部状态，那就需要分别使用一个输入窗口和一个预测窗口——而大多数算法又没有内部状态。下面以预测股市的算法为例来讲解如何使用这两个数据窗口。假设你有了某只股票如下数天的收盘价：

```
Day 1 : $45
Day 2 : $47
Day 3 : $48
Day 4 : $40
Day 5 : $41
Day 6 : $43
Day 7 : $45
Day 8 : $57
Day 9 : $50
Day 10 : $41
```

第一步要将数据归一化。无论你的算法有没有内部状态，这一步都是不可或缺的。要将数据归一化，我们把每个数据都转换为对前一天的同比百分比变化，比如第2天的数据就会变成0.04，因为45美元到47美元之间变化了4%。在对每一天的数据都进行相同操作之后，数据集会变成下面这样：

```
Day 2 : 0.04
Day 3 : 0.02
Day 4 : -0.16
Day 5 : 0.02
```

```
Day 6 : 0. 04
Day 7 : 0. 04
Day 8 : 0. 26
Day 9 : -0.12
Day 10 : -0.18
```

要创建一个预测后一天股票价格的算法，需要考虑一下怎么样把数据编码为算法可接受的输入形式。而这个编码方式又取决于算法是否具有内部状态，因为具有内部状态的算法只需要最近几天的输入数据就可以对走势进行预测。

而问题在于很多机器学习算法都没有"内部状态"这一说，在这种情况下，一般使用滑动窗口算法对数据进行编码。要达到这个目的，需要使用前几天的股票价格来预测下一天的股票价格，所以我们假定输入是前3天的收盘价，输出是第4天的股价。于是就可以对上面的数据如下划分，得到训练数据，这些数据实例都指定了对于给定输入的理想输出。

```
[0.04,0.02,-0.16]->0.02
[0.02,-0.16,0.02]->0.04
[-0.16,0.02,0.04]->0.04
[0.02,0.04,0.04]->0.26
[0.04,0.04,0.26]->-0.12
[0.04,0.26,-0.12]->-0.18
```

上面这种编码方式要求算法有3个输入通道和1个输出通道。

1.4　理解训练过程

训练的本质是什么？训练是一个算法拟合训练数据的过程——这又不同于前面提到过的"内部状态"了，你可以把"训练"认为是对长期记忆的塑造过程。对神经网络而言，训练改变的就是权重矩阵。

何时训练由算法决定。一般来说，算法的训练和实际应用是鲜明分立的两个阶段，但也确实有训练和应用并行不悖的时候。

1.4.1　评估成果

在学校里，学生们在学习科目的时候会被打分，这种打分出于很多目的，其中最基本的目的是对他们的学习过程提供反馈。同样，你也必须在算法训练阶段评估你的算法性能，这种评估既对训练有着指引意义，又能提供一种对训练成果的反馈。

一种评估方法是用一个评分函数，这个评分函数会使用训练好的算法并对它进行评估。这个评分函数只会返回一个分数，而我们的目标则是使这个分数达到上限或下限——对任何给定的问题来说，取上限还是下限都完全无所谓，仅仅取决于评分函数的设置。

1.4.2　批量学习和在线学习

批量学习（batch training）和在线学习（online training）跟学习过程的类型有关，因此通常在处理训练数据集的时候发挥作用。所谓"在线学习"，就是每输入训练集中的一个元素就进行一次学习；而批量学习则是一次性对特定数量的训练集元素进行学习，并同步更新算法。批量学习中指定的元素数量称为"批量大小"，并且这个"大小"通常与整个训练集的大小相当。

在线学习在必须同步进行学习和训练的情况下很有用，人脑就是以这种模式在工作，但在人工智能领域就不那么常见了，并且也不是所有算法都支持在线学习。不过在神经网络中在线学习倒是比较普遍。

1.4.3　监督学习和非监督学习

本章浮光掠影式地了解了两种截然不同的训练方法：监督学习（surprised training）和非监督学习（unsurprised training）。当给定算法的预期输出时，就是监督学习；没有给定预期输出的情况就是非监督学习。

此外还有一种混合训练方法，只需要提供部分预期输出即可，常被用于深度置信网络。

1.4.4　随机学习和确定学习

确定学习（deterministic training）算法只要给定相同的初始状态，就总会以完全相同的方式运行，在整个算法中一般都没有用到随机数。

而随机学习（stochastic training）则不同，需要用到随机数。因此，即使选用同样的初始状态，算法也会得到全然不同的训练结果，这就使得评估随机算法的性能变得比较困难。但是不得不说，随机算法应用广泛并且效果拔群。

1.5　本章小结

本章介绍了人工智能领域，尤其是机器学习领域的一些基础知识。在本章中，你可以学会如何将问题建模为机器学习算法——机器学习算法与生物过程颇有一些相似之处，但人工智能的目标并非完全模拟人脑的工作机制，而是要超越简单的流程化作业程序，制造出具有一定智能的机器。

机器学习算法和人脑的相似之处在于都有输入、输出和不显于外的内部状态，其中输入和内部状态决定了输出。内部状态可以视作影响输出的短期记忆。还有一种被称作"长期记忆"的属性，明确指定了给定输入和内部状态之后，机器学习算法的输出。训练就是一个通过调整长期记忆来使算法获得预期输出的过程。

机器学习算法通常被分为两个大类：回归算法和分类算法。回归算法根据给定的一至多个输入，返回一个数值输出，本质上是一个多输入的多元函数，其输出可能为单值，也可能是多值。

分类算法接受一至多个输入，返回一个类别实例，由算法基于输入进行决策。比如，可以用分类算法将求职者分为优先组、备选组和否决组。

本章说明了机器学习算法的输入是一个数值型向量。要想用算法处理问题，明白如何用数值向量的形式表达问题至关重要。

第2章将进一步介绍"归一化"的概念。归一化泛指通过预处理将数据转化为算法的输入形式的各种方法。此外，归一化也用于解释机器学习算法的输出。

第2章

数据归一化

本章要点：

- 什么是归一化；
- 倒数归一化和倒数解归一化；
- 区间归一化和区间解归一化。

在第1章中，我们了解到机器学习算法接受浮点数值组成的向量，称作"输入向量"，同时返回一个向量作为对输入的响应，称作"输出向量"。

本章我们将学习如何将数据转化为输入向量形式，以及如何对输出向量的结果进行解释（从向量形式的输出中获得有意义的信息）。要做到这两点，先让我们来看看几种以不同方式归一化的数据类型。

2.1 计量尺度

在统计学中，数据通常被划分为两种主要类型：性质量和数字量。一般来说，数字量包括数量或数字，性质量则包括性质或描述性的内容。

以一杯咖啡为例，你既可以定性地描述这杯咖啡，也可以定量地描述它。如果要对它进行定性的描述，可以列出如下属性：

- 色泽棕黄；
- 香气浓郁；
- 白色杯子；
- 摸着有点烫。

这些都是非数值型的性质，因此属于性质量。当然也可以定量地描述这杯咖啡：

- 总共350毫升；
- 热量444焦；
- 温度65摄氏度；
- 价值4.99美元。

以上这些就都是描述这杯咖啡的数字量。

甚至我们还可以把这两种数据细分为4个子类，这4个子类是由心理学家Stanley Smith Stevens在文章《测量尺度的理论》（*On the Theory of Scales of Measurement*）中定义的。这4个数据类型列表如下：

- 名义量（norninal data）。
- 顺序量（ordinal data）。
- 区间量（interval data）。
- 比率量（ratio data）。

名义量和顺序量的观测值都属于性质量，而区间量和比率量的测量值则都属于数字量。四者间的差异稍稍有些混乱，我更倾向于根据它们各自适用的数学运算符来区别它们。图2-1总结了这4个数据子类与各个数学运算符间的适用关系。

	名义量	顺序量	区间量	比率量
*或/	无效	无效	无效	有效
+或-	无效	无效	有效	有效
<或>	无效	有效	有效	有效
=或！=	有效	有效	有效	有效
举例	性别	热/暖/冷	年份	年龄

图2-1 计量尺度

2.1.1 定性观测值

多数情况下，都可以通过哪些数学运算对数据适用来判断数据的类型。比如，就两个颜色而言，你可以判断它们是否相等（"相等"意味着这两个颜色是同一种颜色），但却无法比较它们的大小，也不能对它们做加法或乘法。根据这些属性，显然"颜色"是名义量。

再来看看顺序量。对于某物是热是暖的观测值是默认带有顺序的；一杯咖啡的"热度"这一属性就是一个顺序量。就两杯咖啡来说，我们可以比较它们是否一样烫，又或者一杯比另一杯要更烫。顺序量不仅具有顺序，而且层次分明。比如说"热度"这一属性，就包括滚烫、较烫、温热、常温和冷这些等级。

关于名义量和顺序量，一个稍微复杂一点的例子是美国用来方便信件和包裹快速派送的邮编。这些邮编由5位数字组成，并且每个邮编都对应某个特定的区域，比如邮编90210就对应加利福尼亚州比弗利山庄的地址。

虽说邮编是由多位数字组成的，并且看起来也像是一个数字，但确实不是数字。你可以比较两个邮编是否相等，但对它们作和作差都毫无意义，因此邮编显然属于性质量，而不是数字量；但它到底是名义量还是顺序量呢？虽说可以通过比较邮编的数值得出结论"某个邮编的数值比另一个大"，但较大的数值对于邮编而言也无甚大用——数值较大的邮编指向的地区确实大多在美国西部，而数值较小的邮编通常定位于美国东部，但这种趋势并不具有普适性。因此邮编属于名义量。

2.1.2　定量观测值

现在来看看定量观测值。区间量和比率量之间的关系比名义量和顺序量之间的关系要更复杂一点儿，因此除了以上运算符的关系以外，我还会教你另外的一条规则来区分它们：区间量不存在一个固定的起点 0；而比率量则有一个明确、固定的 0 作为起点。

比如，年龄就是一个比率量。它有一个明晰的起点 0，因为在此之前压根儿无所谓年龄。而说到"2013 年"，那指的就是一个区间量，因为它并没有一个明晰、定义完备的计数起点。

我们再用运算符来判断一下这两个例子。你可以说甲的年龄是乙的两倍，因此乘法法则对"年龄"是适用的，也就是说"年龄"确实是一个比率量。你当然也可以把"2013 年"视作一个数字，并将它乘以 2，但其结果却并不意味着"4026 年"是"2013 年"的两倍，因为对"日期"而言并没有"起点 0"这一说。与此同时，对日期加上或减去某个数又是有意义的，因此"2013 年"也确实是一个区间量。

"温度"根据所用温标体系的不同，既可以是区间量，也可以是比率量。要是用开尔文温标来度量温度，那么 0 开尔文就是"绝对零度"；因此开尔文温标下的"温度"就是一个比率量。与之相对的，华氏温度或摄氏温度就属于区间量，因为它们各自的零度都不是计温起点。

接下来用"两倍热"的说法来检验一下上面的定义。10摄氏度并非5摄氏度的两倍热，因为在0摄氏度以下还存在无数有效的温度刻度。因此"两倍"这个词对摄氏度和华氏度来说就没有意义，那这二者就属于区间量而非比率量。

而在开尔文温标下，零度就是分子运动都消失的绝对零度，不可能有比这更冷的温度了。也就是说，在开尔文温标下，0开尔文就是它的计温起点，5开尔文的两倍确实就是10开尔文。

与之类似的是速度也是一个比率量：5千米每小时的两倍就是10千米每小时；不存在比0千米每小时更慢的速度，因此0也确实是速度的起点。

大多数的科学测量结果都是比率量，包括长度、宽度、电荷量、体积、质量和开尔文温度等。区间量的测量值当然也很有用，只是通常意义不是那么明确。

2.2 观测值归一化

在第1章中，我们已经了解到机器学习算法的输入/输出通常都是浮点数向量，而我们传递给机器学习算法的实际观测值在名义量、顺序量、区间量和比率量中，四者必居其一。其中名义量和顺序量本身又并非数值型数据，因此有必要将它们转化为算法可接受的数字形式。

有些机器学习算法要求所有的值都要在某个特定区间内，通常是（-1，1）或（0，1）区间。即使算法不要求某个特定的区间，将数据限制在某个区间也大有裨益：因为将数据变换到特定区间实际上也就是将它们归一化，从而使得数据之间有了可比性。

为什么一定要归一化呢？假设现在你手上有两个数据，一个是纽交所（the New York Stock Exchange，NYSE）的日成交量，一个是某只个股的点位移动量。纽交所的日成交量通常数以十亿（美元）计，而许多个股的股价浮动通常不超过10点。成交量的数值轻易就掩盖了股价浮动的数值，相对而言，股价的浮动就没什么意义甚至基本可以无视了。

在日常生活中我们也经常跟"归一化"打交道。最常见的形式就是"百分数"。某物降价5％，很容易就能算出折扣金额的大小——对一部新手机而言是十来美元，而对一台汽车来说就是数百美元了，但它们的百分数却都是一样的。我们也可以把上面纽交所的例子中的数据归一化为百分数，于是就可以说成是"日成交量增长了10%"，"某只股票跌了5%"。这下子日成交量和某只股票价格的波动就在一个量级了。

接下来的小节中我们将学习如何将名义量、顺序量、区间量和比率量四者分别归一化。

2.2.1 名义量归一化

名义量的归一化有两个常用方法：其一是"突显（one-of-n）编码法"，[①]也是最简单的归一化名义量的方法；其二是本章稍后要介绍的"等边编码法"。等边编码法比突显编码法更为复杂，但通常也更为有效。

突显编码法是一种相当简单的归一化方法。以第1章的鸢尾花数据集为例，其中的某一行数据如下所示。其中"种属（species）"就是一个非数值量，因此必须用突显编码法来将其归一化。

---

① 在很多资料中称为"独热（one-hot）编码法"。——译者注

```
5.1,3.5,1.4,0.2,Iris-setosa
```

因为都是以0为计数起点的长度，所以前4个值都属于比率量。但第5个值则是名义量，有时也被称作"类别"，描述对象是某个种类，并且其值取决于鸢尾花的种属。在上面这个鸢尾花数据集中有这么3种鸢尾花：

- Setosa；
- Versicolor；
- Virginica。

使用突显编码法，机器学习算法会存在与3种鸢尾花一一对应的3个输出通道。并且机器学习算法很可能是以4个长度值作为输入，从而输出3个值来预测输入数据对应的鸢尾花的种属。

在创建训练数据时，归一化就有用处了。机器学习算法用训练数据来训练——实际的训练过程将在本书后面部分具体讲解，现在读者只需要知道训练集是带有对应的预期输出的输入向量集合即可。要用鸢尾花数据集来生成训练集，首先需要对4个比率量归一化生成输入数据——本章稍后将介绍比率量的归一化方法，现在只需关注"种属"即可。

为每个输入向量生成一个对应的理想输出还算比较容易，比如使用（–1，1）区间的归一化，只需要把+1赋给正确的鸢尾花种属对应的神经元，再把剩下的神经元都赋值为–1就行了，则Setosa鸢尾花可以编码如下：

```
1,-1,-1
```

同样，Versicolor鸢尾花可以编码为：

```
-1,1,-1
```

最后，Virginica鸢尾花则被编码为：

-1, -1, 1

如果选用（0，1）区间，则用0取代上面3个编码中的–1即可。

 ## 2.2.2　顺序量归一化

顺序量并不一定是数值型，但都一定暗含某种顺序。以一个典型的美国学生的受教育水平为例，受教育水平从学前教育一直排到大四，这些教育水平并非真正的数值，但确实按照一定的顺序出现。

要归一化一个顺序量集合，就必须要保持其中的顺序关系；而突显编码法就丢失了顺序信息。由于大多数机器学习算法的输出都是完全无序的，因此虽说输出是向量形式，看起来好像是有顺序的，但实际上并没有顺序可言。比如说输出通道1和输出通道2相邻并不意味着二者之间有什么联系，贸然指定顺序就可能会引入偏差（bias）。

要归一化顺序量有两种方法。其一是抛弃顺序信息使用突显编码法，这样可以把顺序量视作无序的名义量来处理，适用于顺序无关紧要的场合。但要想保持顺序的话，就要给每个类别赋值一个从0开始计数的整数。因此对各年级的赋值结果就会像下面这样：

- 学龄前（0）；
- 幼儿园（1）；
- 一年级（2）；
- 二年级（3）；
- 三年级（4）；
- 四年级（5）；
- 五年级（6）；

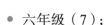
- 六年级（7）；
- 七年级（8）；
- 八年级（9）；
- 大学一年级（10）；
- 大学二年级（11）；
- 大学三年级（12）；
- 大学四年级（13）。

现在我们来计算各年级进度的百分数，并以此作为各个教育水平的"完成值"。总共存在14个学业等级，因此六年级的学生就有50%的学业完成率：

```
7/14 = 0.5 (50%)
```

要是以（0，1）区间为归一化区间，那么化到0.5就已经足够了。但如果归一化区间是（–1，1），就要再把0.5化到（–1，1）区间中去。要达到这个目的，需要先用区间上限减去区间下限，求出区间宽度：

```
width = (high-low) = (1-(-1)) = 2
```

接下来把所得百分数与区间宽度相乘。我们之前求得的50%正是区间宽度的一半，二者简单相乘即可：

```
widthDistance = width * 0.5 = 1
```

现在再来把求得的值加到区间下限上，就可以得到归一化后的数值。0%就代表着区间下限（此处为–1），而100%则代表着区间上限（此处为+1）。因此，"六年级"的归一化结果就是数值0：

```
lowerBound + widthDistance = -1 + 1 = 0
```

上述过程可以总结为式2-1：

$$f(x) = \frac{(n_H - n_L)x}{N} + n_L \qquad （2-1）$$

计算区间宽度并用宽度的百分数来归一化数据这一理念将在之后反复使用，后面两种归一化方式也是以此为基础的。比如2.2.3节就将演示归一化的逆过程，对归一化后的顺序量解归一化。

 ## 2.2.3 顺序量解归一化

解归一化是跟归一化相对的概念——是一种将归一化后的数值转换回原始数据的过程，在处理机器学习算法的输出时尤其有用。例如你用某些数据训练了一个算法来预测某人所在的年级，那么你用来训练算法的就应该是归一化过的当前年级数据。由于算法是用归一化数据训练的，因此其输出也会是归一化数据，这就需要对输出进行"解归一化"，以获取其在预期认知背景下的实际意义。

接下来将展示对2.2.2节的年级数据解归一化的方法——其本质上是一个倒序进行归一化的过程。以归一化值0为例，要判断0代表的年级，首先要计算出0和区间下限的"距离"：

```
widthDistance = 0 - (-1) = 1
```

这个"距离"实际上是区间下限到输出的宽度，因此我们可以通过计算上面这一宽度的占比求出其百分数。我们已知整个区间宽度，也就是归一化后区间上下限（在本例中分别为+1和-1）之间的距离。要解归一化，就必须要知道这个数据最初被归一化到的范围。

```
widthPercent = widthDistance / width = 1 / 2 = 0.5(50%)
```

接下来用50%乘以学业水平总数（在本例中是14）：

```
categoryNumber = totalCategories * widthPercent = 14 * 0.5 = 7
```

根据前文对年级分别赋值的列表可知，数字7对应于六年级。我们完成了对年级这个顺序量的解归一化，如式2-2所示。

$$f(x)=\frac{N(x-n_L)}{n_H-n_L} \qquad (2-2)$$

2.2.4节我们将学习如何对数字量进行归一化。

 ## 2.2.4　数字量归一化

区间量和比率量的归一化方法一脉相承，只需考察它们的数值范围，并归化到目标区间即可。在这一过程中，区间量区别于比率量的差异无足轻重。

数字量一定是数值型的，因此有的数字量可以不必归一化。机器学习算法中，有的会要求将数据归一化到特定区间，而有的并不作此要求，关键是你必须知道你正在使用的算法要求的数值范围，以便接收对应的输出。

接下来我们实际操作一下，对汽车重量进行归一化。就本例而言，假定汽车重量区间在100~4 000千克。此外，第1章还曾提到过，区间的下限应低于实际数据的下限，而区间的上限也应高于实际数据的上限。本例中的各种上限与下限如下所示：

- dataHigh：归一化前的数据上限；
- dataLow：归一化前的数据下限；
- normalizedHigh：目标归化区间上限；
- normalizedLow：目标归化区间下限。

将上例中具体的值代入之后表示如下：

- dataHigh：4 000；
- dataLow：100；
- normalizedHigh：1；
- normalizedLow：−1。

接下来就可以对数据进行归一化了。首先我们要计算出两个范围，或者说"宽度"，即分别为数据上下限间的宽度（dataHigh-dataLow）和目标归一化区间上下限间的宽度（normalizedHigh-normalizedLow）。

```
dataRange = dataHigh - dataLow = 4000 - 100 = 3900
normalizedRange = normalizedHigh - normalizedLow = 1 - (-1)
= 2
```

假定A车重1吨，首先应该求出其在实际数据区间dataRange中的宽度，即到实际数据下限的距离：

```
d = sample - dataLow = 1000 - 100 = 900
```

然后将其转换为百分数：

```
dPct = d/dataRange = 900 / 3900 = 0.230769 …(23%)
```

圆整[①]之后，其结果为0.23。接下来可以求出目标归一化区间normalizedRange中0.23代表的宽度：

```
dNorm = normalizedRange * dPct = 2 * 0.23 = 0.46
```

然后把结果0.46加到目标归一化区间下限上：

```
Normalized = normalizedLow + dNorm = -1 + 0.46 = -0.54
```

---

① 一般而言，"圆整"即将数据按某一精度截断，又分为"向上圆整"和"向下圆整"。此处为向下圆整。——译者注

所以最终归一化值是 –0.54。

上述过程可以总结为式 2-3：

$$f(x) = \frac{(x-d_L)(n_H-n_L)}{(d_H-d_L)} + n_L \qquad (2\text{-}3)$$

2.2.5 小节将展示如何通过对上述归一化过程逆序操作来对数字量解归一化。

 ## 2.2.5 数字量解归一化

对数字量解归一化只需倒序执行对应的归一化步骤即可。以 2.2.4 小节的 –0.54 为例，首先计算 –0.54 到归化区间下限的距离：

```
-0.54-(-1) = 0.46
```

然后用区间上下限间距离（即区间宽度）来除 0.46：

```
0.46/2 = 0.23
```

其结果是 0.23，或者说是 23%。用 0.23 乘以实际数据区间宽度 dataRange：

```
0.23 * 3900 = 897
```

897 就是我们要求的值在实际数据区间中的宽度，只要加上实际数据下限 dataLow，就可以得到汽车实际重量：

```
897 + dataLow = 897 + 100 = 997
```

997 这个数字近似等于我们最初的数字 1 000，因此我们成功地完成了对汽车重量的解归一化。之所以二者不严格相等，是因为我们在之前的除法中进行了圆整操作。

上述过程可以总结为式2-4：

$$f(x) = \frac{(x-n_L)(d_H-d_L)}{(n_H-n_L)} + d_L \qquad （2-4）$$

此外还有其他一些方法可以对数字量和名义量进行归一化，这些方法将在2.3节进行介绍。

2.3　其他归一化方法

除了以上介绍的几种最常用的方法之外，还有很多其他的归一化方法。本节将介绍一些其他的对数字量和名义量进行归一化的方法。

2.3.1　倒数归一化

本小节将介绍一个很简单的归一化方法——倒数归一化。这个方法既可以用来对数据进行归一化，也可以用来解归一化，唯一的限制就是无法自主选定归化区间，只能将数字归化到（–1，1）区间。

倒数归一化很容易实现，因为它并不要求分析数据找出上下限。其原理如式2-5所示：

$$f(x) = \frac{1}{x} \qquad （2-5）$$

以数字5的归一化为例，式2-5的用法如下：

```
f(5.0) = 1.0/5.0 = 0.2
```

如上所示，数字5被归一化为0.2。

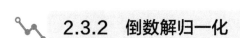 2.3.2 倒数解归一化

对通过倒数方法归一化的数字解归一化也相当容易。由于归一化前后的值互为倒数，因此连公式都是一样的，如式2-6所示：

$$f(x)=\frac{1}{x}$$

（2-6）

以数字0.2的解归一化为例，式2-6的用法如下：

```
f(0.2) = 1/(0.2) = 5.0
```

如上所示，我们兜兜转转又回来了——我们把5.0归一化为0.2，然后又把0.2解归一化为了5.0。

2.3.3 理解等边编码法

等边编码法是突显编码法的一种有力的替换方案。我着实很喜欢这种编码方法，要是你读过我的博客的话，就会发现我经常用到等边编码法。具体来说，等边编码法主要有如下两个优势：

- 需要的输出通道比突显编码法要少一个；
- 传播"惩罚"的效果比突显编码法更好。

等边编码法需要的输出比突显编码法要少一个，意味着如果你要编码10个类别，突显编码法需要10个输出通道，而等边编码法只需要9个。这就为性能上带来了一点儿提升。

第二个优势有点儿不太好理解。大多数训练算法都会基于每个输出的偏差对机器学习算法的输出进行评分。回想一下，突显编码法以具有最大值的输出作为算法选定的类别，假设你有100个类别，突显编码法就需要100个输出通道，而其中偏差会主要集中在两个输出通

道：一个是错误地具有最大值的输出，另一个是本应具有最大值的正确输出。其他的所有输出通道的值都应该是一个"理想值"，这个值根据你的归一化方案，要么是0，要么是-1。

突显编码的归一化方法存在一个小问题。举个例子，如果算法把本应是verginica种的鸢尾花预测成了versicolor种的鸢尾花，那么实际输出（actual output）和理想输出（ideal output）会是下面这样：

```
Ideal output: -1,-1,1
Actual output: -1,1,-1
```

问题在于，实际输出的3个通道中，只有两个是错误的，而我们想要在实际的输出通道中以较大的比例来传播误差"责任"，以确保所有正确的训练都可以同等地应用于全部输出通道。要达到这个目的，必须给每个类别分配一组相互之间具有相同欧氏距离的值（本章稍后我们还会用到"欧氏距离"这一概念）。"相等的欧氏距离"确保了"错将versicolor鸢尾花认成setosa鸢尾花"与"错将vriginica鸢尾花认成setosa鸢尾花"这两种情况具有相同的误差权重。

清单2-1列出了用等边编码法归一化后的理想的类别。

清单2-1 计算好的三类别等边编码值

```
0:  0.8660,-0.5000
1: -0.8660,-0.5000
2:  0.0000,1.0000
```

注意，每个类别都对应两个输出值，相对于突显编码法来说，这就减少了输出通道数量。事实上，等边编码法需要的输出通道数总是比突显编码法少一个。

再来考虑一下等边编码法的例子。就如上例，假设算法把verginica鸢尾花错认成了versicolor鸢尾花，则实际输出和理想输出如下所示：

```
Ideal output:   0.0000,1.0000
Actual output: -0.8660,-0.5000
```

这样一来就只有两个输出了，与等边编码法理论一致，并且所有的输出都是错误值。此外，只有两个输出要处理也意味着机器学习算法要处理的数据规模稍微小了一些。

算法基本不会给出完全匹配所有训练数据的输出。要用突显编码法寻找匹配项，只需找到输出的最大值——但这个方法对等边编码法并不奏效。等边编码法会给出与算法的实际输出距离最近的类别的等边编码值（如清单2-1所示）。

那么"每组值相互之间距离相等"又有何意义呢？这意味着它们的欧氏距离相等（"距离"这一概念将在第3章详细论述）。"欧氏距离"可由式2-7求得：

$$d\,(p,q)=\sqrt{\sum_{i=1}^{n}\,(\,p_i-q_i)^2} \qquad (2-7)$$

上式中，变量"q"代表理想输出值，变量"p"代表实际输出值，"n"表示输出通道数（即理想输出和实际输出对数）。第3章将会基于欧氏距离进行拓展。

2.3.4　等边编码法的实现

接下来将会展示如何应用等边编码法[①]进行编码。我第一次见识到这个算法是在Masters于1993年出版的图书《C++神经网络实战手

---

① 据原作者2017年博客文章，作者已弃用等边编码法，并表示在当前较20世纪90年代高很多的硬件和算力条件下并未带来性能和效果的显著提升，建议读者对此编码方法了解即可。——译者注

册》（*Practical Neural Network Recipes in C++* ）[1]，实际来源是其中引用的一篇 Guiver 于 1991 年发表在 PC AI 上的文章[2]。

等边编码算法稍微有点儿复杂，因此我会用两种不同的方式来解说。首先我要用图示的方式。假设只需编码两个类别，而我们归一化的目标归化区间是（-1, 1）。等边编码法所需的输出比总的类别数量少一个，就两个类别而言，等边编码法的输出通道就只有一个。我们可以把这个单个输出通道输出视作单一维度。图 2-2 展示了单维度输出的模样。

图2-2　二分类问题的等边编码形式

在上图的线上可以看到两个点，表明我们的单通道输出将要么是 1，要么是 -1。

如果有 3 个类别的话，就会有两个输出通道。可以想象成在一个二维平面上有一个等边三角形——这也正是"等边编码"之名的由来。图 2-3 显示了 3 个类别的编码结果。

———————

① Masters，T. (1993). Practical Neural Network Recipes in C++. Morgan Kaufmann。——译者注

② Guiver，J. P.，& Klimasauskas，C. C. (1991). Applying neural networks, Part IV: improving performance. PC AI Magazine，5，34-41。——译者注

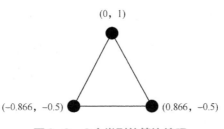

图2-3　3个类别的等边编码

等边编码的关键在于3个类别相互之间的距离相等，这也使这3个类别得以被表示为二维数据。图2-3中的二维数据与图2-2的编码方式是一致的。

当然我们也可以对4个类别进行编码。要编码4个类别，就需要3个输出通道，或者说3个维度，如图2-4所示。

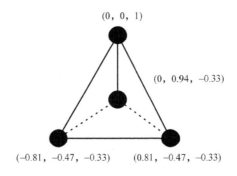

图2-4　4个类别的等边编码

图2-4是一个三维空间中的正四面体，实际上就是一个由等边三角形构成的锥体，同样服从等边三角形的规律，即各边长相等。

我们还可以对更多类别的问题进行编码。很抱歉我不能够向你一一展示这些更高的维度，因为在三维的现实世界中描摹高维图景已经是极为困难的了，更何况是在二维的书页上呢？

希望以上几个图示能够清楚地展示出将这些类别等距排布的方

法。接下来将要介绍的是这些数值的实际计算过程。

等边编码法的实现通常是输出一个 $N \times (N-1)$ 矩阵，其中 N 代表总的类别数量。矩阵的每一行都是对某个类别的编码结果。这个矩阵中所有元素的值都被归一化到（-1，1）区间，并且最终需要被放缩到目标区间。

要学习如何创建这个矩阵，让我们先来生成二分类问题的编码矩阵。如图 2-2 所示，编码结果只有 -1 和 1 两个值，我们先把这两个值加入矩阵。

```
result[0][0]=-1;
result[1][0]=1;
```

接下来从两类循环到 N 类。首先要跳过 $N=1$ 的情况，因为只有一种类别的时候，矩阵情况是不言自明的。我们从 2 一直循环到 N（不包括 N）：

```
for k from 2 to N{
```

然后计算放缩因子。我们将使用递归的思想，由前一个矩阵来生成后一个矩阵，也就是说将会基于二分类问题的矩阵，通过放缩生成三分类问题对应的矩阵，其伪代码如下：

```
f = sqrt ( k * k - 1.0)/k;
```

然后不断循环矩阵中经过计算放缩的部分：

```
for i from 0 to k{
    for j from 0 to k-1{
        result[i][j] *= f;
    }
}
```

接下来用 N 的倒数的相反数来填充矩阵（实际上是各列）的边缘（最后一列）：

```
r =-1 / k;
for i from 0 to k{
    result[i][k-1] = r;
}
```

然后需要用0来填充矩阵的最后一行：

```
for j from 0 to k-1{
    result[k][j] = 0;
}
```

最后将矩阵的最后一个值设置为1.0，并继续前面的"for循环"（指最大的那个for循环）：

```
 result[k][k-1] = 1.0;
}
```

现在假设循环已经结束了，再来看看如何将矩阵放缩到合适的范围。我们使用式2-3的归一化公式。

我们将 -1 和 1 分别作为数据的下限和上限：

```
dataLow = -1;
dataHigh = 1;
```

然后我们循环遍历矩阵所有元素并进行放缩：

```
for row from 0 to N {
 for col from 0 to N-1 {
  result[row][col] = ((result[row][col] - dataLow)
   / (dataHigh-dataLow))
    * (normalizedHigh - normalizedLow)+ normalizedLow;
 }
}
```

到这一步，这个矩阵就可以用作等边编码表了。要想将一个类别等边编码，只需将该矩阵作为查找表，复制要编码的类别对应行的数据即可。要解码的话，只要找到跟机器学习算法的输出向量欧氏距离最近的行就行了，行索引即为类别编号。

2.4 本章小结

本章介绍了归一化的几个步骤。归一化指的是将数据强制归化到某个特定区间的过程。一般来讲这个"特定区间"要么是（–1，1），要么是（0，1），具体选择哪一个区间取决于所用的机器学习算法。本章也介绍了几个不同的归一化方法。

倒数归一化是一种非常简单的归一化技巧，这种方法会把数据归一化到（–1，1）区间。这种归一化方法实际上就是取倒数，即用要归一化的数去除1。

区间归一化较为复杂，但区间归一化的优点在于可以将数据按主观意愿，归一化到任意区间。此外区间归一化还必须要知道输入数据的范围。虽说这样子可以有效利用归化区间（提高整个区间的利用率），但是也意味着必须预先对整个数据集进行分析。

本章还演示了如何用欧氏距离来判断两个向量的接近程度。第3章则会基于欧氏距离的概念有所拓展，并引入其他的距离度量方法。

第3章

距离度量

本章要点：

- 向量；
- 欧氏距离；
- 曼哈顿距离；
- 切比雪夫距离。

无论是在现实世界里，还是在人工智能领域中，"距离"都是一个相当重要的度量手段：在现实世界中，"距离"可以度量两点间的分离程度；而在人工智能领域中，"距离"则被用以衡量两个向量的相似程度。人工智能算法将向量视作一维数组，两个数组间的距离则代表它们的相似程度。

3.1 理解向量

向量本质上就是一维数组。请注意，不要将向量的"维度"概念与待求解问题的"维度"概念相混淆，即使待求解的问题有10个输入通道，它也依然是一个向量——向量始终是一维数组，10个输入通道则会被存储为一个长度为10的向量。

在人工智能算法中，向量通常用来存储某个具体实例的数据。

现实世界中的"距离"概念在此也得到了很好的体现。一张纸上的某个点就具有 x 和 y 两个维度,同样,三维空间中的一个点则具有 x、y、z 三个维度。二维的点可以被存储为长度为 2 的向量,相应地,三维的点也可以被存储为长度为 3 的向量。

我们的宇宙由 3 个可感知的维度构成——虽说"时间"有时被称作"第四维",但这实际上是一种人云亦云,并不意味着"时间"真的是一个实实在在的维度,至少我们只能感受到前 3 个维度。由于人类无法感知更高的维度,因此要理解高于三维的空间是极为困难的——只是稍有些不巧的是,在人工智能算法中经常需要用到极高维度的向量空间。

回想一下第 2 章中的鸢尾花数据集,其中有如下 5 个量值,或者说特征值:

- 花萼长度;
- 花萼宽度;
- 花瓣长度;
- 花瓣宽度;
- 鸢尾花种属。

你可能会把这个数据集想成是长度为 5 的向量,然而实际上"种属"这一特性与其余 4 种属性的处理方式并不相同。因为向量通常只含有数字,而前 4 种特性本身就是数字量,"种属"却不是。对此,第 2 章中我们讲解过几种通过添加额外的维度将种属这样的名义量[①]编码的方法。

单纯的数字编码只能将鸢尾花种属转换为一维的量,因此我们必须使用像突显编码法、等边编码法这样可以添加额外维度的编码方

---

① 此处原文为 "species observation",有所修改。——译者注

法，以使各个种属编码结果间距相等。毕竟在分类鸢尾花的时候，我们并不希望由于编码方式导致什么偏差。

把鸢尾花的各项特征视作高维空间中的各个维度这一想法意义极为重大，如此一来就可以把各个样本（即鸢尾花数据集中的各行）视作这个高维搜索空间中的点，相邻的点也就具有相似的特征。下面以鸢尾花数据集中的 3 行数据为例，来看看这个想法实际操作起来是个什么样子：

```
5.1, 3.5, 1.4, 0.2, Iris-setosa
7.0, 3.2, 4.7, 1.4, Iris-versicolor
6.3, 3.3, 6.0, 2.5, Iris-virginica
```

如果用（0,1）范围内的突显编码法，上面 3 行数据可以被编码为如下 3 个向量：

```
[5.1, 3.5, 1.4, 0.2, 1, 0, 0]
[7.0, 3.2, 4.7, 1.4, 0, 1, 0]
[6.3, 3.3, 6.0, 2.5, 0, 0, 1]
```

这样你就有了向量形式的数据，也就可以计算两个数据点之间的距离了。接下来将介绍几种计算两个向量之间距离的方法。

3.2 计算向量距离

两个向量之间的距离代表着二者的相似程度。下面有几种不同的方法可以用来计算这个距离。

3.2.1 欧氏距离

欧氏距离度量是基于两个向量间实际的二维距离的，也就是说，如果把两个数据点画在纸面上的话，欧氏距离就是用直尺测量出来的两点间的偏差（距离）。二维距离的理论基础是毕达哥拉斯定理（即勾股定理）。具体来讲，毕达哥拉斯定理的内容是，假设存在两点（x_1，y_1）和（x_2，x_2），则两点间距离可以按式3-1计算：

$$d = \sqrt{(x_2 - x_1)^2 + (y_2 - y_1)^2} \qquad (3-1)$$

图3-1表示了两点间的二维欧氏距离。

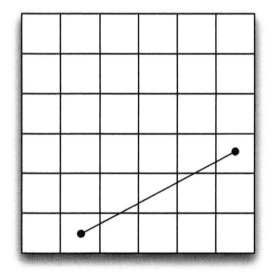

图3-1　二维欧氏距离

上面这个方法在比较长度为2的向量的时候效果很好，但实际上大多数向量长度都不止为2。要计算任意长度向量间的欧氏距离，就要用上述欧氏距离计算公式的推广形式。

欧氏距离度量在机器学习中很常用，在比较相同长度的两个向量这种任务上十分高效。假设有 *a*、*b*、*c* 这3个向量，*a*、*b* 之间的欧氏距离为10，*a*、*c* 之间的欧氏距离为20，此时向量 *a* 代表的数据较之与向量**c**的匹配程度，就与向量**b**更为接近。

式3-2给出了计算推广的欧氏距离的方程：

$$d(\boldsymbol{p},\boldsymbol{q})=d(\boldsymbol{q},\boldsymbol{p})=\sqrt{\sum_{i=1}^{n}(\boldsymbol{q}_i-\boldsymbol{p}_i)^2} \qquad （3-2）$$

上面这个公式给出了**p**、**q**两个向量间的欧氏距离*d*，同时也指出了*d*（**p**，**q**）和*d*（**q**，**p**）是等价的，这就意味着欧氏距离仅取决于两个端点，与把哪个点作为起点无关。欧氏距离的计算过程不过是对向量中对应元素之差的平方逐个求和，然后取求和结果的平方根。这个平方根就是要求的欧氏距离。

下面以伪代码的形式给出了式3-2的实现：

```
function euclidean (position1, position2)
{
 sum = 0;
 for i from 0 to position1.length
 {
  d = position1[i] - position2[i];
  sum = sum + d * d;
 }

 return sqrt (sum);
}
```

 ### 3.2.2 曼哈顿距离

曼哈顿距离通常也称"出租车距离"。欧氏距离可以看作是直线距离，而曼哈顿距离则像是在城市的街区上开车。图3-2表示了二维的曼哈顿距离。

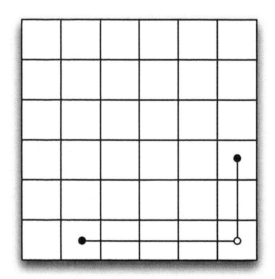

图3-2　二维曼哈顿距离

　　要计算两点间的曼哈顿距离，只需把两点间各维度的绝对距离相加即可。式3-3说明了这一计算过程。

$$d\ (\boldsymbol{p},\boldsymbol{q})=d\ (\boldsymbol{q},\boldsymbol{p})=\sum_{i=1}^{n}|\boldsymbol{q}_i-\boldsymbol{p}_i|$$　　　　（3-3）

　　欧氏距离和曼哈顿距离的主要差异在于论及对结果的影响时，前者中较大的距离比较小的距离作用更为显著。举个例子，欧氏距离度量体系中，在两个维度方向上分别相距一个单位长度的两个向量之间的距离（即$\sqrt{2}$）要比只在一个维度上相距两个单位长度的向量间距离（即2）更短；但是在曼哈顿距离度量体系中，两种情况下的距离却是相等的（都是2）。

　　下面是式3-3的伪代码表示：

```
function manhattan (position1, position2)
{
 sum = 0;
```

```
for i from 0 to position1.length
{
 d = abs (position1[i] - position2[i]);
 sum = sum + d;
}

return sum;
}
```

 ### 3.2.3 切比雪夫距离

切比雪夫距离通常也称"棋盘距离"。要是你玩过国际象棋的话，可以把两点间的棋盘距离看成是王从一点走到另一点所需的步数。图3-3标明了每个位置离第一个点的距离。

4	4	4	4	4	4
3	3	3	3	3	3
2	2	2	2	2	2
2	1	1	1	2	3
2	1	●	1	2	3
2	1	1	1	2	3

图3-3　二维切比雪夫距离

计算切比雪夫距离，实际上就是取各维度距离中的最大值，如式3-4所示[①]：

---

① Deza，2009: Encyclopedia of Distances。

$$d(\boldsymbol{p},\boldsymbol{q})=d(\boldsymbol{q},\boldsymbol{p})=\max(|\boldsymbol{p}_i-\boldsymbol{q}_i|) \qquad (3-4)$$

切比雪夫距离在需要重点研究距离最大的维度时可能很有用。在所有维度均被归一化或者近似到同一个区间之后，距离最远的维度就决定着两个向量间的相似度，此时切比雪夫距离就是最佳选择。

下面是式3-4的伪代码实现：

```
function chebyshev (position1, position2)
{
 result = 0;
 for i from 0 to position1.length
 {
  d = abs (position1[i] - position2[i]);
  result = max (result, d);
 }

 return result;
}
```

3.3 光学字符识别

光学字符识别（Optical Character Recognition，OCR）是一个常见的机器学习应用场景，甚至你可能已经在互联网上见过这项技术了。光学字符识别的应用形式基本上大同小异，写下一串字符之后，复杂的机器学习算法（一般都是神经网络）会通过学习你写下的字符，来识别出它没有见过的其他字符。

欧氏距离可以用于实现基本的光学字符识别，这样的程序需要你写出单个字符并将其添加到已知字符列表中。其中你写下的字符通常是图像数据，同时也是人工智能算法的输入。本节将教会你如何利用降采样（down sampling）的方式来正规化（normalize）图像数据。虽说除了降采样还有很多正规化图像数据的高级方法，但降采样的效果通常就已经很好了[①]。

第一步要获取你想要程序识别的原始图像数据。一个真正的光学字符识别软件必须要能够处理图像并把它们分割为一个个独立的字符，但在本例中为简化起见，我们直接使用的就是单个字符。图3-4就是一个待识别的图像，对应字符为数字"0"。

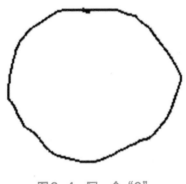

图3-4　写一个"0"

你可能也注意到了，我写的0边上有很多的空白空间，这样就很可能导致一个问题：由于机器学习算法把所有的像素视作输入，那要是训练的时候用户把0写在左上角，而在实际使用的时候把0写在右下角会怎么样呢？那么因为像素组成的输入大变样，算法很可能也就无法识别第二种情况的0，因此"裁剪"（crop）的工序就必不可少了。裁剪的时候，只需要在图像的上下左右各放置一条直线即可，放置的原则是从图像边缘向内移动，直到遇上第一个有效像素为止。图3-5画出了这4条裁剪线。

---

① Lyons，2009。

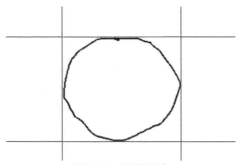

图3-5　裁剪数字

　　第二步就是裁剪图像。在这期间，我们会同时进行降采样操作。这样做的好处在于可以减少需要检查的像素点的数量，并且还解决了跟图像尺寸相关的问题，也就是说如果用户写的数字不一样大，降采样就消除了图像大小不一可能给程序读取带来的影响。

　　为何要减少像素点的数量呢？假设有一张300像素×300像素的全彩图像，我们就会有总共270 000个像素点（90 000个像素点乘以RGB 3个通道）。如果把每个像素点都作为一个输入通道的话，就需要总共270 000个输入通道，把每个图像转换为向量的话，就是一个270 000维的向量，这也未免太大了。要让程序更加健壮，降低输入通道数目就势在必行了。

　　图3-6就是将上图降采样到8×5的样子。

图3-6　降采样

要进行降采样，可以想象用一个 8×5 的网格覆盖在原先的高分辨率图片上面，只要网格对应的栅格下方存在黑色的像素，就把整个栅格涂黑。

由于降采样的结果是一个 8×5 的网格，因此我们可以得到一个 8×5 的向量，或者说是 40 个输入。我们针对每一个数字都创造了一个向量，并把其经过裁剪、降采样后的数据储存在一张表中。当用户写下新的待识别字符时，首先对其进行裁剪和降采样，针对每一张图片都生成一个新的向量，随后在存储了各个数字对应向量的表中查找与新图片距离最近的数字，于是认为新图片描述的就是这个与之最接近的数字。

3.4 本章小结

向量在机器学习中扮演着极为重要的角色。在机器学习算法的语境中，输入和输出都是向量形式，机器学习算法的"记忆"通常也被视作是向量。向量同时也被看成是 n 维空间中的坐标，这样一来我们就可以通过计算两个坐标间的距离来比较两个向量的相似度了。

有很多种不同的方法可以用来计算两个向量之间的距离，最基本的一个就是"欧氏距离"。欧氏距离使用的是常规的二维空间中两点间的距离公式，这个公式可以推广到任意维度。曼哈顿距离和切比雪夫距离也相当有用。

光学字符识别（OCR）可以通过简单的距离计算来实现。首先创建已知字符表和这些字符对应的向量表，其中这些向量来自于经过裁剪和降采样的字符图像。新图像同样经过了裁剪和降采样，在已知字符表中，离新图像向量距离最近的向量所代表的字符即为新图像对应的字符。

随机数是机器学习中极为重要的概念，我们通常用随机向量作为机器学习算法的初始状态，随后在训练期间对初始的随机状态进行调整，并且随机数还可以用于训练中使用的蒙特卡洛方法。第4章将着重讲解"随机数"。

第4章
随机数生成

本章要点：

- 伪随机数生成；
- 线性同余生成法（Linear Congruential Generator，LCG）；
- 进位乘数法（Multiply With Carry，MWC）；
- 梅森旋转算法；
- 蒙特卡洛方法。

随机数对于很多机器学习算法和训练方案意义都十分重大。在计算机实际执行中，生成随机数的方法称为"伪随机数生成算法"（Pseudorandom Number Generation，PRNG）。前缀"伪"（pseudo）意味着仅仅看起来像么回事儿，实际上并不完全符合随机数的定义。由于计算机是个严格按照指令执行的纯逻辑机器，因此只能够尽量模拟随机过程，所以这样一来，用计算机生成的随机数就是"伪随机数"。假如输入和内部状态给定，计算机总是能够得到完全相同的输出[1]。

尽管随机化过程存在这样那样的逻辑限制，但计算机在生成伪随机数方面效果依然非常显著。有两个用以判断伪随机数生成效果的标准：伪随机数算法的随机性和安全性。一个算法可能随机性很

---

[1] Turing，1948。

好，但却不具有必要的密码学意义上的安全性。对人工智能研究而言，我们主要关注的是算法的随机性，安全性在加密算法中要更重要一些。安全的伪随机数生成算法又称"密码学安全伪随机数生成算法"（Cryptographically Secure Pseudo Random Number Generator，CSPRNG）。

随机性的好坏取决于伪随机数生成算法在一个周期内产生明显重复序列的情况以及生成数的周期长度。在这个表述中，"周期"指的是伪随机数生成算法生成的最大不重复序列中的随机数个数。每个周期实质上是一串数字，而每个伪随机数生成算法都产生很多个相同的周期。周期越大，生成器的随机性也就越大；每个周期中明显的重复序列越少，生成器的随机性也同样越大。

理解常规的伪随机数生成算法和密码学安全伪随机数生成算法之间的差异很重要。所有的伪随机数生成算法和密码学安全伪随机数生成算法都有内部状态，只要知道了内部状态，就可以知道下一个"随机数"是多少；二者都能够产生高质量的随机数序列。然而二者最大的不同在于常规的伪随机数生成器通常可以通过分析其生成的数字来推断其内部状态；密码学安全伪随机数生成器则不然，在合理的时间范围内并不能从输出破解其内部状态。这一点差异对密码学来说十分关键，但对人工智能而言就有些可有可无了。在人工智能研究中，数字的随机性最重要，至于它会对外提供内部状态的信息这一点倒也无所谓。

4.1 伪随机数生成算法的概念

伪随机数生成算法有几个通用的重要概念。这些概念决定了伪随机数生成器如何运行，以及生成器的预期输出是什么样。这些通用概念如下：

- 种子（seed）；
- 内部状态（internal state）；
- 周期（period）。

"种子"决定了你会得到什么样的随机数序列，同时也决定了内部状态的初始值。对于给定的种子，你总会得到相同的随机数序列；而另一方面，几乎每一个互不相同的种子都会生成一个不同的随机数序列。

"内部状态"由伪随机数生成算法用于生成随机数和下一个内部状态的多个变量构成。只要你知道了内部状态以及伪随机数生成器或是密码学安全伪随机数生成器的算法类型，你就可以预测下一个随机数了。

每个随机数序列的长度就是"周期"。一旦超出周期范围，伪随机数生成器生成的值就会开始重复。正是因为伪随机数生成器生成的值按照固定的间隔或者说周期重复，我们才说伪随机数生成器是周期函数。图4-1是广为人知的周期函数——正弦函数的图像。

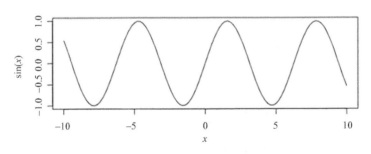

图4-1　正弦函数具有周期性

如图4-1所示，正弦函数以 $2 \times PI$（2π 约等于6.28）为周期。

4.2　随机数分布类型

你通常希望得到的随机数服从均匀分布，伪随机数生成器一般也确实可以产生（0，1）区间内具有等可能性的随机数。生成大量（0，1）区间内的随机数的结果如图4-2所示，其结果服从均匀分布。

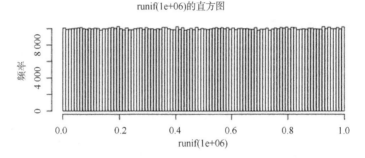

图4-2　随机数的均匀分布

如图4-2所示，随机数在（0，1）范围内等可能地分布，这种现象被称作"均匀分布"或"均匀随机数"。这种分布使得在特定区间内取到任意值的可能性都相等。

大多数编程语言都提供一个生成（0，1）区间内均匀分布随机数的接口，你可以把得到的随机数放缩到任何目标区间，放缩方法跟归一化的方法有点儿类似。假设函数rand()返回一个（0，1）区间内的随机数，可以按照式4-1将其放缩到（*low*，*high*）区间内。

$$\text{rand}(high, low) = \text{rand}() \cdot (high - low) + low \qquad （4-1）$$

利用式4-1可以生成任意区间内的随机数。

还有一些编程语言会提供生成正态分布随机数的接口，图4-3所示就是一组正态分布随机数。

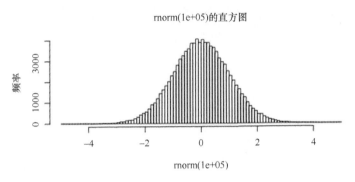

图4-3　随机数的正态分布

出现概率最大的随机数集中在0附近，其中并没有明确的上限和下限。每个整数都表示一个标准差，随着标准差在正负两个方向上逐渐增大，这些随机数被取到的概率急剧下降，在区间（-4，4）之外几乎就取不到什么数了。正态分布随机数最常见的应用场景是通过增加一个微小的随机偏置来改变某个数字。

遗憾的是，并非所有的编程语言都支持正态分布随机数。支持上述伪随机数生成器的函数如下：

```
C#
  Uniform: Random.NextDouble
  Normal: NA
C/C++
  Uniform: rand
  Normal: NA
Java
  Uniform: Random.NextDouble
  Normal: Random.nextGaussian
Python
  Uniform: random.random
  Normal: random.randn
R
  Uniform: runif
  Normal: rnorm
```

如果你所使用的编程语言不支持正态分布，你可以使用Box-Muller转换法将均匀分布随机数转换为正态分布随机数。本章稍后还会讨论这一转换法。

4.3　轮盘模拟法

另一项常用的随机数方案被称为"轮盘模拟法"[①]，不过这种技术只是与赌场中实际的轮盘略有相似之处而已。通常当你要在3个及以上类别中做选择时，就需要用到这一技术。举个例子，假设你要创造一个在栅格中随机游走的机器人，并且这个机器人只具备下列3种行为能力：

- 前进；
- 左转；
- 右转。

虽说机器人的行动是随机的，但你也许并不希望机器人采取这3种行动的可能是均等的，反而希望机器人按下面这个分配比例来行动：

- 前进（占80%）；
- 左转（占10%）；
- 右转（占10%）。

这样一个随机数生成器很容易实现。首先必须将所有选项排序以便它们分别占据（0，1）区间的某个部分，然后利用服从均匀分布的伪随机数生成算法来生成（0，1）区间内的随机数。

假设 x 是一个随机数，那么下面这个列表就定义了我们的行为：

---

① 　Back，1996。

```
if 0 < x < 0.8 then move forward
if 0.8 < x < 0.9 then turn left
if 0.9 < x < 1.0 then turn right
```

第一行表明低于0.8的情况占80%，第二行表明0.8到0.9的情况占10%，第三行表明0.9到1.0的情况占10%。

4.4 伪随机数生成算法

伪随机数生成算法有很多种不同的类型，其中还有一些算法比之其他算法要更简单一点儿，通常使用的时候会在运行速度和随机性之间有一个折中。在本节中我们会品评几个伪随机数生成算法，最后再介绍Box-Muller转换法。这个转换法并非某种伪随机数生成算法，但可以把均匀分布伪随机数生成算法的生成结果转换为正态分布的随机数。

性能是选择伪随机数生成算法的另一个重要的考量因素。大多数人工智能算法都需要数量庞大的随机数，因此随机数的生成速度就是一个影响到算法整体效率的关键考量因素。

理解伪随机数生成算法的内部工作机制并不重要，你完全可以在不了解算法内部细节的情况下得到良好的随机数结果。

本书中涉及的伪随机数生成算法有下列几个：

- 线性同余生成法（LCG）；
- 进位乘数法（MWC）；
- 梅森旋转算法。

不同的编程语言内置了不同的伪随机数生成算法，如果你所使用的语言没有内置某个你要用的算法，那么还可以用该语言单独实现这一算法。

4.4.1 线性同余生成法

线性同余生成法是历史最悠久同时也最为常用的伪随机数生成算法，并且还是C/C++、Java和C#等语言内置的伪随机数生成算法。这一随机数生成算法在高德纳（Donald Knuth）的《计算机程序设计艺术》一书第3.2.1小节有说明。线性同余生成法不适用于对随机性有较高要求的应用场景；此外由于算法的序列相关性，线性同余生成法通常对蒙特卡洛方法也无甚大用（序列相关又称"自相关"，指的是变量随时间序列的变化对自身也会产生影响）。这就意味着线性同余生成法得到的随机数品质并不太好，也就不适用于密码学场景。

线性同余生成法无论是实现还是理解都很明晰，没有什么弯弯绕绕。算法的实现要用到一个被限制在一个特定的周期内的线性函数，式4-2就是线性同余生成法对应的表达式：

$$X_{n+1} = (aX_n + c)(\text{mod } m) \qquad (4-2)$$

式4-2的变量及其定义域范围定义如下：

```
m,0 < m, 模数
a,0 < a < m, 乘法因子
c,0 <= c < m, 增量
X0,0 <= X0 < m, "种子"，或者说初始值
```

其中"X_n"的值每生成一个随机数都会更新一次。对线性同余生成法而言，下一次随机数生成过程的"X_n"值属于内部状态。虽然这种方法得到的随机数都是整数，但只需将得到的随机数除以算法所能生成的最大整数，即可将随机数转换到（0，1）区间，而这个"算法所能生成的最大整数"又取决于m、a和c三者的值。

m、a、c三者的值对伪随机数生成算法所得结果的随机性影响很大，大量研究已经找到了各种最优值，因此通常这些值都不建议自行

选取。Wikipedia上对这些伪随机数生成研究中用到的这些取值有一个很好的总结。见网址：

https://en.wikipedia.org/wiki/Linear_congruential_generator

我一般用的是适用于GCC编译器的取值：

```
m = 2e31
a = 1103515245
c = 12345
```

虽说线性同余生成法是一个很常用的伪随机数生成算法，但梅森旋转算法在很多时候都是更好的选择。

4.4.2 进位乘数法

进位乘数伪随机数生成算法是由George Marsaglia创造的，其目的是生成周期很长的随机整数序列，其周期之长，最低约为2^{60}，最高可达$2^{2000000}$。该算法使用一个从2到数千内随机选取的数值作为初始种子，算法的主要优点在于它调用的是简单的计算机整数运算，可以以极快的速度产生随机数序列。

进位乘数法的工作原理与线性同余生成法有点儿类似。假设寄存器是32位的，线性同余生成法只利用了乘法器的低32位（式4-2），进位乘数法则通过“进位”利用到了更高位。此外，进位乘数法还用到了多个种子值，这些种子值通常来自于另一个伪随机数生成算法，比如线性同余生成法。

首先我们必须要定义一个变量r，用以描述进位乘数法中的“延迟”概念，并且必须提供r个值作为种子。形似线性同余生成法的是（见式4-2），进位乘数法也有一个模数和一个乘法因子，但它没有“增量”这一项，该算法公式如式4-3所示：

$$X_n = (aX_{n-r} + c_{n-1}) \mod b, n \geq r \qquad (4\text{-}3)$$

式中，a 为乘法因子，b 为模数，此外还有一个表示进位的变量 c。进位的计算方式如式 4-4 所示：

$$c_n = \lfloor \frac{ax_{n-r} + c_{n-1}}{b} \rfloor, n \geq r \qquad (4\text{-}4)$$

变量 n 表示你当前所计算的数在序列中的序号，必须保证 n 不小于 r，其原因在于 n 之前的 x 值会作为种子值，而我们共有 r 个 x 的初值作为种子。

式 4-4 与式 4-3 很像，但式 4-3 使用求模操作，返回的是余数，而式 4-4 实际上执行的是除法。我们将除法结果向下取整（floor）作为进位（向下取整指的是取不大于一个实数的最大整数）。举例来说，7.3 向下取整的结果就是 7，而 -7.3 向下取整的结果则是 -8，-7 向下取整的结果就是 -7。

式 4-4 中应用向下取整操作的目的是确保得到一个整数结果，该算法中的运算都是对整数操作，向下取整保证了式 4-4 计算的正确执行。注意，进位乘数法的代码示例中并未直接调用向下取整函数 floor。

进位乘数生成法所得结果的周期远长于线性同余生成法，并且其实现的执行速度还通常都特别快，相对于线性同余生成法来说更具竞争力，但在工程实践中却并不常用，也不是我所知的任何编程语言默认的随机数发生器。

 ### 4.4.3　梅森旋转算法

梅森旋转算法[1]是由 Makoto Matsumoto 和 Takuji Nishimura 于 1997

---

[1]　Matsumoto，1998。

年开发的伪随机数生成算法，可以以极快的速度生成高质量的伪随机整数。该算法的设计初衷是要解决已有算法的各种缺陷。

梅森旋转算法是一种常用的伪随机数生成算法，也是Ruby、Python和R语言的内置伪随机数生成算法，可以生成适用于蒙特卡洛方法的高质量随机数。虽说梅森旋转算法并非密码学意义上的安全随机数发生器，但其在运行速度和随机性上的优势依然使它在人工智能领域大受欢迎。

"梅森旋转算法"这个名字来自于"该算法的周期总是一个梅森素数"这么一个事实。

所谓"素数"，指的是只能被1和其本身整除的数，比如5就是一个素数。而梅森素数则是满足式4-5的素数，式中n也为素数：

$$M_n=2^n-1 \tag{4-5}$$

为了理解计算过程，我们假设n为5，可以求得一个梅森素数：

```
2^5 = 32
32 - 1 = 31
```

31是一个素数，并且满足式4-5，因此31是一个梅森素数。你还可以从下面这个网址找到已知的梅森素数列表：

https://en.wikipedia.org/wiki/Mersenne_prime

部分梅森素数如下所示：

```
3
7
31
127
8191
131071
```

```
524287
2147483647
2.30584E+18
618970019642...137449562111
162259276829...578010288127
170141183460...715884105727
686479766013...291115057151
531137992816...219031728127
104079321946...703168729087
147597991521...686697771007
446087557183...418132836351
259117086013...362909315071
190797007524...815350484991
285542542228...902608580607
...
(Wikipedia, 2013)
```

梅森旋转算法的实现比起本章前面介绍的算法要复杂一些，对其完整的讲解不在本书范畴内，代码示例中包含了 Matsumoto 提供的梅森旋转算法最初的 C 语言实现。

梅森旋转算法实现中难以解决的问题还在于它依赖于移位操作，对于不支持无符号数的编程语言就是一个大问题。Java 语言不支持无符号数的特性就使得该算法的 Java 实现尤其困难。对其他语言来说，确保变量位长度与原始的 C 代码保持一致也很关键。

4.4.4　Box-Muller 转换法

并非所有编程语言都支持生成正态分布随机数；或者你可能用的是自定义的伪随机数生成算法，而非语言内置算法。有一种算法可以把均匀分布随机数转换为正态分布随机数，这种算法叫作 Box-Muller 转换法[①]。

[①]　Box，1958。

下面的伪代码就可以把常规的均匀分布随机数转换为正态分布随机数[1]，让我们依次来解读一下。由于Box-Muller转换法一次生成两个数，所以我们用y_1和y_2两个变量来记录每对数，用变量useLast来记录y_2是否处于待使用状态；变量y_1最终会被返回，因此如果useLast值为真，则将y_2赋值给y_1。

```
if(useLast)
{
  y1 = y2;
  useLast = false;
}else
{
```

首先生成x_1和x_2，两个变量都在区间（-1，1）内。由于rand（）函数返回值在（0，1）区间内，因此需要对x_1和x_2进行放缩，然后对x_1和x_2分别平方再求和，得到w；继续这个循环直到w小于1.0。

```
do
{
 x1 = 2.0 * rand() - 1.0;
 x2 = 2.0 * rand() - 1.0;
 w = x1 * x1 + x2 * x2;
} while (w >= 1.0);
w = sqrt((-2.0 * log(w)) / w);
```

Box-Muller转换法通过对存储在x_1和x_2中的两个相互之间无关的均匀分布随机数进行计算来得到结果，放缩因子w也由这两个变量计算得出，应用这个放缩因子就可以把x_1和x_2转换为正态分布随机数，我们把x_1和x_2的放缩结果存储到y_1和y_2中，并将useLast置为"真"。

```
y1 = x1 * w;
y2 = x2 * w;
useLast = true;
```

---

[1] Ross, 2009。

```
}
```

紧接着返回 y_1 的值。

```
return y1;
```

下一次调用该函数时则会返回 y_2 的值。

4.5 用蒙特卡洛方法估算 PI 值

由于很多情况下计算实际值会耗费大量时间，因此蒙特卡洛方法的思想是通过随机采样来对实际值进行估算，并且可以得到良好的估算结果。蒙特卡洛方法有很多种不同的类型，有一些还是蒙特卡洛方法和其他一些方法的混合方法[1]。本书后面我们还会学习一种被称为"模拟退火法"的蒙特卡洛方法。

蒙特卡洛方法的一个简单示例是用蒙特卡洛方法估算PI值。图4-4是一个内切于正方形的圆。

图4-4 正方形内切圆

---

① Robert，2005。

接着我们在正方形和圆形中随机放置一些点，利用圆内点比上正方形内全部点的比例就可以计算出PI值。正方形的面积等于长和宽的乘积，由于正方形长宽相等，实际上正方形的面积就是"宽乘宽"，或者说是"边长的平方"。

圆形的面积公式为"PI乘以半径的平方"，而该圆直径又等于正方形边长，因此可以利用式4-6计算出圆形面积和正方形面积的比例：

$$p = \frac{\pi r^2}{(2r)^2} = \frac{\pi}{4} \tag{4-6}$$

图4-4中的正方形边长是圆半径的两倍，所以正方形面积就等于圆半径乘以2的积再平方。取圆内点和正方形内全部点的比值再乘以4，就得到了PI的估计值。

求解过程的伪代码如下：

```
tries = 0;
success = 0;
for i  from 0  to  10000
{
 //  随机取点
 x = rand();
 y = rand();
 tries = tries + 1;
 // 该点是否在圆内？
 if(x * x + y * y <= 1)
 {
  success++;
 }
}
pi = 4 * success  /  tries;
```

显然，随机撒下的点越多，PI的估计值就越精确。

4.6 本章小结

"随机数"在人工智能程序，尤其在蒙特卡洛方法中十分有用。现在已经有很多种各不相同的随机数生成算法，这些算法都被称作"伪随机数生成算法"，它们产生高质量随机数的能力也是互有高低，不尽相同。

其中一部分伪随机数生成算法被称作是"密码学意义上安全的"（即"密码学安全伪随机数生成算法"），能够产生高质量随机数的算法可并不一定是密码学上安全的算法。密码学安全伪随机数生成算法指的是其内部状态不能够仅仅通过观测算法输出，就被轻易推测出来的算法，这样的算法在人工智能领域没什么必要性。事实上，就人工智能算法而言，我们更关注的是如何获取高质量的随机数，反而不太关心这些随机数是否会泄露随机数生成算法的内部状态。

最简单也最常用的伪随机数生成算法叫作"线性同余生成法"，但该算法生成的随机数质量只能说是马马虎虎，不足以用于蒙特卡洛方法。"进位乘数法"正是为了解决线性同余生成法的限制而创造出来的。梅森旋转算法更是可以很快地生成高质量随机数，其结果也非常适用于蒙特卡洛方法。

蒙特卡洛方法是通过随机采样来将一个复杂问题化简。在本章中，我们就用蒙特卡洛方法来估算了PI值。我们画了一个正方形和它的内切圆，然后在正方形中随机撒下一些点，看在圆内的点有多少，在正方形内的点又有多少，由二者的比值即可求得PI的估计值。

第3章和本章分别介绍了"距离计算"和"随机数"两个方面的知识，第5章我们来看一个综合利用这二者的算法，该算法可以按各观测值之间的距离将它们分为多个不同的组，而组内观测值的性质则比较相似。这个被称作"K均值聚类算法"的算法是一种给数据划分种类的常用算法。

第5章

K均值聚类算法

本章要点：

- 聚类；
- 质心；
- 非监督训练；
- K均值算法。

前几章我们讲过机器学习算法的输入一般是浮点数向量形式，其中每一个向量均称为一个"观测值"，向量中的每一个数字均称为"特征量"。

本章我们来学习一下"聚类"算法，其中"聚类"指的是把具有相似特征的观测值放到一起，从而形成多个"簇"的过程。

聚类是一种将观测值分为指定数目集群的有效方法，大多数聚类算法都需要你预先指定集群数目，当然也有的算法可以自动指定最优的集群数目。本章中我们主要研究"K均值聚类算法"。

通过聚类将有限数量的观测值划分为指定数目的簇，这个过程是一个NP困难问题。所谓"NP困难"，其中NP是"Non-deterministic Polynomial-time（非确定性多项式时间）"的缩写。非正式地来讲，NP困难问题是一系列不能用暴力搜索法求解的问题，因为这些问题可能的解存在太多不同的组合。对大量观测值进行聚类就属于一种NP困难问题。

K均值算法利用随机数来搜索一个对观测值来说相对合理的聚类方案，由于算法的基础是随机数，因此也属于非确定性算法。这就意味着，多次运行K均值算法会得到并不相同的聚类方案。

与"非确定性算法"相对的则是"确定性算法"。给定输入，确定性算法总是产生相同的输出；但本书中几乎所有的算法都是非确定性的。

聚类算法既可以作为独立的机器学习算法，也可以作为一个大型机器学习算法的一部分。作为一个独立的机器学习算法时，聚类算法能够将相近的条目分为一组。比如说你可能拥有表示各人购物习惯的数据，如果每一个数据都代表一个消费者，那么就可以把消费者分为几类，然后根据同一类别下其他消费者的购买记录来引导消费者进行购物。

参照物种形成原理的遗传算法就经常把聚类算法作为自身的一个组件，这种算法本身是按照一个松散的达尔文进化论模型来寻求问题的解[1]。问题的可能解彼此竞争，不断繁殖，从而产生带有理想的父代特性的、可能的更优解。一般来讲，我们需要将众多可能解划分为一个个"物种"，并只允许种内繁殖；又因为这些可能解通常都是向量形式，所以"K均值算法"就可以用来为可能解划分种群[2]。

自20世纪50年代以来，K均值算法已经以各种形式广泛存在，并且已经经过了众多研究人员的多次修改。James MacQueen于1967年首先使用了"K均值"一词，而实际上K均值算法的最初思想可以

---

① Banzhaf, 1998。
② Green, 2009。

追溯到Hugo Steingaus在1957年提出的理论；同年，其标准算法也由贝尔实验室的Stuart Lloyd首次提出，但直到1982年才对外公布。在1965年，E. W. Forgy首次公布了相同的算法，这也是为什么这个算法有时也被称为"Lloyd–Forgy算法"。一个更加高效的版本则由Hartigan和Wong在1975年提出，并在1979年进行了修正，所用语言是Fortran。

5.1　理解训练集

多组观测值通常被划分为称作"训练集"的大型集合，这些数据都被用于训练机器学习算法。"训练"指的是通过调整算法的内部状态，使得机器学习算法的输出符合预期输出的过程。

按所使用的训练集不同，机器学习算法宽泛地分为两类：监督学习和非监督学习。在非监督学习过程中，你仅仅向算法提供向量形式的输入数据，但却不设置预期输出；聚类算法就是一种非监督学习。

5.1.1　非监督学习

还记得前几章中提到的鸢尾花数据集吗？这个数据集在各种不同的机器学习算法中得以应用，当然也包括监督学习和非监督学习。这一节就会展示鸢尾花数据集分别用于监督学习和非监督学习的过程。

首先来看看如何将鸢尾花数据集表示为非监督的聚类算法要求的形式。回想一下，这个数据集由与鸢尾花花瓣和花萼尺寸有关的4个比率量组成，还有一个"种属"量指明了每个鸢尾花的种类。清单5-1是这个鸢尾花数据集中的一些样本。

清单5-1　鸢尾花数据集中的几行数据

```
5.1, 3.5, 1.4, 0.2, Iris-setosa
4.9, 3.0, 1.4, 0.2, Iris-setosa
...
7.0, 3.2, 4.7, 1.4, Iris-versicolor
6.4, 3.2, 4.5, 1.5, Iris-versicolor
...
6.3, 3.3, 6.0, 2.5, Iris-virginica
5.8, 2.7, 5.1, 1.9, Iris-virginica
```

就非监督的聚类算法而言，我们最可能用到的是前4个量而忽略"种属"这个量。在进行比较之后我们可能会给这些数据打上标签，但由于是非监督学习，聚类算法并不需要知道哪个数据属于哪个"种属"。这个算法的目的不在于判断某个鸢尾花属于什么种类，而在于按相似度把这些数据分为几簇。

另外还要注意一个问题，就是这4个观测值都不必进行归一化，K均值聚类算法本身并不需要归一化的过程；当然这并不是说别的算法也不需要。就对这个鸢尾花数据集进行聚类的问题而言，归一化的过程是可有可无的。要是数据的一个或多个特征量过大，以致掩盖了其他的特征量，就一定要先将数据归一化；在本例中，鸢尾花数据集的四个比率量特征值在数值上都比较接近，因此并不一定要将数据进行归一化处理。

鸢尾花数据集中的4个比率量特征值提供的信息并不足以将它按"种属"分类；这完全没有关系，就聚类这个操作而言，我们只是想看看这些数据之间到底有多相似，以及这些数据究竟可以被分为多少组。

图5-1所示就是对鸢尾花数据集进行聚类的一个尝试。

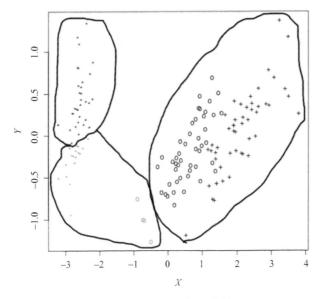

图5-1　鸢尾花数据集聚类结果

要讲清楚图5-1描述的内容，还需要多费几句口舌，因为图上的信息确实有点儿太少了。各个分好的簇按颜色在图上标注了出来，并且都用曲线围了起来，以便在黑白媒介上也能够区分这些簇。如图5-1所示，图中总共有3个簇，分别是：红色（左上）、绿色（左下）和蓝色（右）。

图中的每个点，要么是加号，要么是星号，要不就是圆圈，总之三者必居其一。这3种符号代表的是鸢尾花的实际种类，这个属性是依照如清单5-1所示的文件（即鸢尾花数据集）中的内容来指定的。如果聚类算法能够正确地区分鸢尾花的种类，那么同种符号就应当是同样的颜色；但只要看看图5-1，你就知道并不是那么回事儿。

虽说你所看到的簇与簇之间边界十分明晰，但很显然它们并不是按照"种属"这个属性来划分的，这一点几乎无法避免。由于随机性，K均值算法有时确实会得到与按种类划分相近的结果，但只要瞧瞧图5-1，就可以发现簇与簇之间是线性可分的（"线性可分"的意思是可以通过画一条直线把它们分隔开来），而鸢尾花的不同种类之间却不是线性可分的。种类与种类之间存在一部分重叠的区域，仅靠非监督的聚类算法是不可能将两个种类区分开来的。

你可能很好奇，四维的鸢尾花特征值向量是如何画在一个二维图像上的，实际上我使用了R语言来把向量降维到二维空间，以便作图所需。"降维"是数据可视化的一种常用方法，可以由R语言中的cmdscale函数实现。

 ## 5.1.2 监督学习

监督学习的限制比非监督学习要高一些，其中的训练集要由输入数据和预期输出组成的成对数据构成。就鸢尾花数据集而言，你要输入4个比率量观测值作为一个四维输入向量，可能还需要用突显编码法将"种属"数据编码为预期输出向量。机器学习算法的性能由给定输入时，产生对应的预期输出的比例来评估。在本书后面部分，我们会用到鸢尾花数据集来进行监督学习。

5.2　理解 K 均值算法

K均值算法实现起来比较简单，效果主要是将数据划分为指定数量的集群。其中，算法的实现有3个泾渭分明的步骤[1]：

- 初始化；
- 分配；
- 更新。

---

① Russel，2009。

初始化这一步骤存在两种不同的方法[1]，在讲解完其余两个步骤之后，我们会回过头来讲解这两种初始化方法。现在先假设数据已经按某种方法完成初始化。

5.2.1 分配

"分配"和"更新"两步会不断重复，直到再也没有新的数据需要划分到新的簇中。每一个簇都会从两方面来定义。首先是"质心"。"质心"也是一个与被聚类数据等长的向量，实际上其本身就是一个数据，只不过表示的是簇内数据的平均值。因此，"质心"究其本质是簇内所有数据的中心点。除了"质心"外，每个簇还有一个由分配给各个簇的数据组成的列表。

"分配"这一步会对所有数据进行循环，并把每个数据分配到其质心与该数据最接近的簇中去。其中"最近"指的是两个向量之间距离最短，一般用的是欧氏距离，但理论上来讲，第3章中介绍的几种距离算法用在此处都是可以的。

对"更新"这一步来讲，一定要记得检查是否有数据从一个簇被划分到了另一个簇，这样K均值算法才知道算法在何时完成使命——如果不再有数据被移动到其他的簇中，就认为K均值算法已经达成了它的目的。

"分配"这一步的伪代码如下所示。首先要把一个名为done的变量置为"真"（假定这一步已经完成），如果有数据被从一个簇划分到了另一个簇，就把done置为"假"。

```
done = true
```

---

① Hamerly, 2002。

接下来我们必须要检查每一个簇，判断是否存在需要被移动到另一个簇的数据。在这个过程中，各个簇的数据列表并不是一成不变的；相反，数据是在簇与簇之间"流动"的。

```
foreach (cluster in clusters)①
{
```

然后在当前簇中对每个数据进行循环，如有必要，将数据重新分配。

```
foreach (observation in cluster)
{
```

下一步是找到哪一个簇跟当前数据最接近。用函数 findNearestCluster 很简单就能找出当前数据与各簇质心的最小欧氏距离，并返回对应的簇。

```
targetCluster = findNearestCluster(observation);
```

如果 targetCluster 不是当前所在的簇，则需要将当前数据移动到对应的簇中去。这一步就是执行这个移动操作，然后通过将 done 置为"假"来表明"革命尚未成功"。

```
if(targetCluster != cluster)
{
 cluster.remove(observation);
 targetCluster.add(observation);
 done = false;
}
}
}
return done;
```

最后，返回 done 的值，这样下面的程序才能根据 done 的真假来决定是继续迭代还是退出循环。

---

① forcach 的写法是类似 C# 的一种伪代码，即对一个可迭代对象遍历循环。

5.2.2　更新

　　"更新"紧跟在"分配"之后执行。这两个步骤会一直循环到在"分配"这一步中，不再有数据改变所属的簇为止。跟许多机器学习算法一样，K均值算法也是迭代型算法，其训练过程要经过大量迭代，而每个迭代性能都会逐步改善；到每次迭代性能都只有很微小的提升甚至不再提升时，机器学习算法就会停止了。

　　在实践中，"更新"这一步实际上就是重新计算每个簇的质心。在"分配"这一步中，每个簇的内容都可能会被改变，因此每个簇的质心也都有可能不再有效，考虑到这一点，我们就需要重新计算一下每个簇的质心，这就是一个简单的计算簇中数据各个特征值的平均值的过程。举例来说，下列3个鸢尾花都属于同一个簇，我们要计算出一个四维的平均值向量，也就是这个簇所谓的"质心"。

```
5.1, 3.5, 1.4, 0.2, Iris-setosa
4.9, 3.0, 1.4, 0.2, Iris-setosa
7.0, 3.2, 4.7, 1.4, Iris-versicolor
```

这样一个向量计算如下：

```
element1 = (5.1 + 4.9 + 7.0) / 3 = 5.7
element2 = (3.5 + 3.0 + 3.2) / 3 = 3.2
element3 = (1.4 + 1.4 + 4.7) / 3 = 2.5
element4 = (0.2 + 0.2 + 1.4) / 3 = 0.6
```

所得就是下面这个质心：

```
[5.7, 3.2, 2.5, 0.6]
```

　　当然，正如前面所说，这个算法并没有用到鸢尾花的"种属"这一列数据。

5.3　K 均值算法的初始化

在前几节中，我们讲解了"分配"和"更新"两个步骤的执行过程，这两个步骤操作的都是已经分配好了数据的簇，因此我们也必须完成"所有数据各归其位、每一个数据都分配到一个簇中"这样一个初始状态的建立，然后才能继续执行下面的"分配"和"更新"两个步骤。

本节我们来看两种不同的随机初始化各个簇的方法。K 均值聚类算法的初始化是随机的，而其"分配"和"更新"两个步骤都是确定性的，但由于算法的初始状态是非确定性的，因此整个算法也是非确定性的。

K 均值聚类算法有两种常用的初始化方法：随机算法和 Forgy 算法。第一个方法中的"随机"一词有点误导性，但是实际上两种算法都是用的随机数。

5.3.1　随机 K 均值初始化

这个随机算法很简单。你只需创建指定的 K 个簇，并且把各个数据随机分配到每一个簇中即可，同时还要注意，不要存在数据为空的簇。不用说，数量 K 肯定不能大于数据总数，也就是说你不可能把 30 个数据分成 50 个簇。另外还要注意一点，"随机初始化"之后要直接进行"更新"操作，这样才可以分别计算出这些新生成的簇的质心。

首先我们要计算各个数据的维度数目，K 均值算法要求每个数据都具有相同的维数。这很简单，只需取数组的"长度（length）"属性即可。

```
dimensions = theObservations.length;
```

接下来创建K个簇。从0循环到K（不包括K）：

```
for i from 0 to K
{
 clusters.add(new Cluster(dimensions));
}
```

然后把每个数据都随机分配到一个簇中。首先对每一个数据进行循环：

```
foreach (observation in theObservations)
{
```

之后随机选择一个簇。分配一个（0，K–1）区间内的随机整数用来代表这个簇，把数据添加到其中：

```
clusterIndex = randInt(K);
cluster = clusters[clusterIndex];
cluster.add(observation);
}
```

紧接着就要对可能存在的没有数据的空簇进行处理：

```
foreach (cluster in this.clusters)
{
 if(cluster.length == 0)
 {
```

此处应当向这个空簇中添加一个数据，但我们也不希望在消除这个空簇的过程中又导致了另一个空簇的产生，因此需要随机选择一个包含不止一个数据的簇。另外还要保证选定的簇与待填充的空簇不是同一个簇。

```
done = false;
```

```
while(!done)
{
    sourceIndex = randInt(K);
    source = clusters[sourceIndex];
    if(source != cluster && source.length > 1)
    {
```

一旦找到了这么一个符合要求的簇，我们就可以进行数据移动的操作了。具体过程是从选定簇中随机选取一个数据，并把这个数据移动到空簇中，然后把done这个标记置为"真"。

```
        sourceObservationIndex = rndInt(source.length);
        sourceObservation = source[sourceObservationIndex];
        source.remove(sourceObservationIndex);
        cluster.add(sourceObservation);
        done = true;
    }
  }
 }
}
updateStep();
```

只要全部数据都各就各位，我们就可以进行"更新"操作了。

图5-2是使用随机初始化的K均值算法流程图。

注意，随机初始化之后直接到了"更新"这一步，在随机初始化之后立即执行"分配"操作毫无意义，因为初始化的时候就已经将数据分配到了各个簇中，并且初始化之后还并未对各个簇的质心求值，无法据此进行"分配"操作。5.3.2节我们介绍一下K均值算法的Forgy初始化方法，与上面这个流程稍有不同。

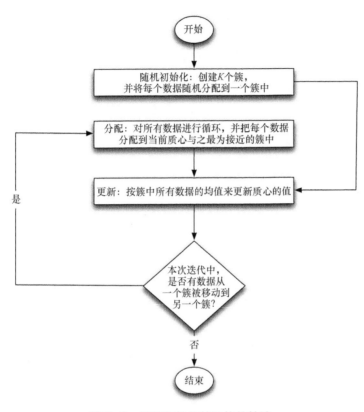

图5-2　随机初始化的K均值算法

5.3.2　K 均值算法的 Forgy 初始化

Forgy 初始化的工作原理是首先设置各个簇的质心值,然后把每个数据分配到与之最近的质心对应的簇中。下面给出了这一流程的伪代码描述。第一步,判断数据的维数。各个数据的维数应当相同。同时我们还要设置一个名为 usedObservation 的哈希集合用于保存已分配的数据。我们不会在初始化中使用全部数据,但也不希望有数据被重复使用。

```
dimensions = theObservations.length;
```

```
usedObservations = new HashSet();
```

接下来用循环创建 *K* 个簇：

```
for i from 0 to K
{
```

以正确的维数创建每个簇：

```
cluster = new Cluster(dimensions);
clusters.add(cluster);
```

创建好一个簇之后，随机为其选取一个数据，注意不要选到用过的数据：

```
observationIndex = -1;
while(observationIndex == -1)
{
    observationIndex = randInt(theObservations.length);
    if(usedObservations.contains(observationIndex))
    {
        observationIndex = -1;
    }
}
```

这样我们就获得了一个没有被用过的随机数据，单用这个数据来创建一个簇，并将这个数据作为簇的质心。

```
observation = theObservations[observationIndex];
usedObservations.add(observationIndex);
cluster.add(observation)
}
```

图 5-3 是使用 Forgy 初始化的 K 均值算法流程图。

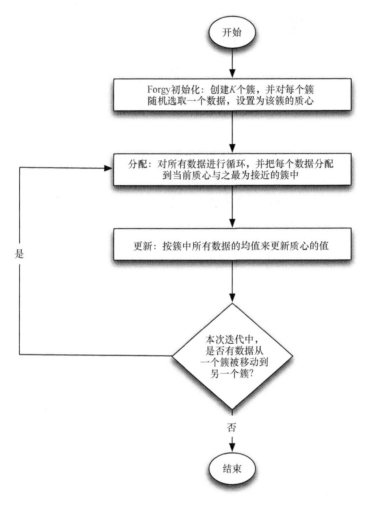

图5-3　Forgy初始化的K均值算法

　　如图5-3所示，初始化之后紧跟着的是"分配"操作。这是由于
Forgy初始化只是设置了每个簇的质心，还需要把其他所有数据都分
配到各个簇中去。

5.4　本章小结

聚类是一种将数据划分为多个集群的方法，数据之间的相似性决定了哪些数据会被划分为同一个集群。并且聚类也是非监督学习的一个实例。

聚类算法有很多种不同的类型，最常用的是 K 均值算法。该算法将数据分配到固定数目的簇中，并通过多次迭代把各个数据分配到最合适的簇。K 均值算法应当持续迭代，直到不再有数据被从一个簇移动到另一个簇为止。

K 均值算法分为 3 个步骤："初始化"创建初始的簇；"分配"会按当前各个簇的质心，对所有数据重新分配，因此会改变每个簇的质心（质心是簇中所有数据的均值向量）；"更新"以每个簇中的数据为基础，重新计算所有簇的质心值。

本章向读者介绍了聚类算法和非监督学习，第 6 章我们会介绍一下"误差计算"的知识。"误差计算"主要用于监督学习，一般用来计算机器学习算法中，实际输出与预期输出的差异。

第6章

误差计算

本章要点：

- 监督学习；
- 方差和误差（Sum of Squares Error，SSE）；
- 均方误差（Mean Squares Error，MSE）；
- 方均根误差（Root Mean Squares，RMS）；
- 数据集。

对监督学习来说，误差计算非常重要。监督学习的训练集由成对的向量构成，其中输入向量与其预期输出向量一一对应。

清单6-1给出了一个由XOR函数的输入和预期输出向量对组成的训练集示例。

清单6-1　XOR函数（操作）

```
Input: [0, 0]; Ideal: [0]
Input: [0, 1]; Ideal: [1]
Input: [1, 0]; Ideal: [1]
Input: [1, 1]; Ideal: [0]
```

当两个输入互异时，XOR函数总是返回"真"值；如果两个输入相同，则返回"假"。在上述清单中，"真"值被归一化为1，而"假"则是0。上面这个训练集被用于教会机器学习算法模拟XOR函数的功能；这一般就相当于机器学习算法中的新手任务。

上述清单中有两个输出：0和1。4个输入向量每一个都有对应的预期输出，这个训练集总共有4个"输入/预期输出"对。

机器学习算法中有很多种不同的误差计算方法，本章中我们主要学习下面3种：

- 方差和误差（SSE）。
- 均方根误差（RMS）。
- 均方误差（MSE）。

最常用的误差计算方法是"均方误差"，但这并不是说均方误差法是万金油，什么情况都适用，有时候实际使用的机器学习算法会规定应该使用什么样的误差计算方法。如有必要，也可以使用多个误差计算方法，进行比较。

下面会对这3种方法一一介绍。

6.1 方差和误差

方差和误差（SSE）是一种相当简单的误差计算方法，在部分机器学习算法中得以应用。一个很高的方差和意味着预期输出与实际输出之间存在很大的差异，训练算法的原理实际上就是减小方差和误差。

方差和误差的计算如式6-1所示[①]：

$$SSE = \sum_i (\hat{y}_{pi} - \bar{y}_{pi})^2 \qquad (6\text{-}1)$$

---

① Draper, 1998。

其中，$\hat{y}$是预期输出，$\overline{y}$则是实际输出。

通常要用到方差和误差是出于训练算法的要求。方差和误差本质上就是将每对输出的差值平方之后再求和，因此训练集越大，则方差和误差的值一般也会越大。这也是方差和误差的一个缺点——你没办法直接比较两个规模不同的训练集的方差和误差。

6.2 均方根误差

均方根误差（RMS）是一种与方差和误差有点儿相似的误差计算方法，其共同点在于都需要求出各个实际输出与预期输出值之间差值的平方。但均方根误差还需要对这全部的平方值取平均，再求这个平均值的平方根。因为均方根误差是用平均值计算出来的，因此就可以在两个不同大小的训练集之间进行比较[1]，如式6-2所示。

$$RMS=\sqrt{\frac{1}{n}\sum_{i=1}^{n}(\hat{y}_i-\overline{y}_i)^2} \quad\quad (6-2)$$

其中，$\hat{y}$是预期输出，$\overline{y}$则是实际输出。

6.3 均方误差

均方误差（MSE）是机器学习算法中最常用的误差计算方法。大多数情况下，神经网络、支持向量机和其他很多机器学习算法都使用均方误差。均方误差计算如式6-3[2]所示：

$$MSE=\frac{1}{n}\sum_{i=1}^{n}(\hat{y}_i-\overline{y}_i)^2 \quad\quad (6-3)$$

---

[1]　Draper, 1998。

[2]　Draper, 1998。

其中，$\hat{y}$是预期输出，$\bar{y}$则是实际输出。

均方误差本质上就是对预期输出与实际输出的差值的平方求得的平均值，由于这一过程中差值被平方了，因此对均方误差而言，差值是正是负都不重要。

你可能有点困惑，在均方根误差和均方误差之间应当如何抉择。说实话，二者确实很类似，但有一个很重要的差异在于均方根误差是线性的，而均方误差则不然。如果训练集中的误差全都翻了一倍，那么均方根误差也会翻一倍，但均方误差不是这样；有时候均方误差这种非线性的性质在机器学习算法中用来度量误差反而更加有效。

6.4 误差计算方法的比较

本节来看看向训练集中添加随机偏差之后的效果。表6-1分别列出了小、中、大、特大偏置对每种误差计算方法的影响。

表6-1 误差计算方法

Type	SSE	MSE	RMS
Small	2505	0.01	0.1
Medium	62634	0.251	0.501
Large	250538	1.002	1.001
Huge	25053881	100.216	10.011

由上述列表可见，受影响最大的是方差和误差，因为方差和误差仅仅是把各差值的平方求和而已。而均方误差所受的影响又要比均方根误差更大，并且从数值上可以明显看出均方根误差和均方误差之间存在接近平方根的关系。

划分训练数据

你一般不会想要把全部的数据都用作训练数据，因为在你的数据中必然会存在噪声（noise）。"噪声"这个词一般指的是数据中随机出现的微小扰动。一个训练很成功的算法能够忽视噪声的影响，并进行准确的预测。要是算法巨细靡遗，连噪声都一并记忆的话，就会出现我们竭力想要避免的"过拟合"现象。因为噪声的出现没什么规律，因此极大损害了算法识别训练集以外数据的能力，也会导致算法识别到错误的模式。这样的错误模式会产生一种被称作"训练集偏差"的现象。

"选择偏差"是我们关心的另一个问题。要是你需要从几个实现同样功能的机器学习算法中择一而用，你就不应该只考虑训练误差最小的那个算法，否则你会很容易选到一个过拟合最严重的模型。

可用数据一般被划分为3个数据集，以此来避免出现偏差。值得注意的是，这些数据集中的数据都是从可用数据中随机选取的，因为你不会希望在为每个数据集选取数据的时候引入新的偏差，从可用数据中随机选取数据为的就是避免偏差。对时间序列数据而言，就可以选择时间段。训练数据一般被划分为如下3个数据集：

- 训练集（Training set）；
- 验证集（Validation set）；
- 测试集（Test set）。

训练集中是你用以训练算法的数据，通常也是3个数据集中规模最大的一个，一般占全部可用数据的80%。然后可以在剩下的20%数据中，再划分出验证集与测试集。一定要时刻谨记，由于是使用训练集来训练算法，因此训练集的误差往往是最小的。

如果需要对几个不同的算法进行评估，就应当使用验证集来比较哪一个算法训练效果最好。必须要使用算法在训练过程中没有见过的数据，才能保证在这样的数据上算法是无偏的。

6.5　本章小结

本章介绍了使用数据集的监督学习过程。一个被用于监督学习的数据集由成对的向量组成，其中的每一对都是训练集的一个元素，每一对都包含一个输入向量和一个与输入向量对应的预期输出向量。机器学习算法的效果主要由其实际输出与预期输出的接近程度来评估。

误差计算方法有很多种，各不相同。其中最基本的一种就是方差和误差（SSE）。这种方法是将机器学习算法的实际输出与预期输出的差值作平方运算，之后再对各个平方值求和，所得即为"方差和误差"。

均方误差则是机器学习算法中最常用的一种误差计算方法。与方差和误差有些类似，但均方误差还会在方差和的基础上除以差值总个数，因此所得其实是一个平均值。均方误差是非线性的，因此差值翻倍之后，均方误差并不是跟着翻一倍。

均方根误差本质上其实就是均方误差的平方根，但与均方误差不同的是，均方根误差是线性的，这就使得可以有效地直接比较两个均方根误差。如果实际输出与预期输出之间的差值翻倍，则均方根误差也会跟着翻倍。

选定算法之后，就可以用测试集来评估算法在真实数据上的效果了，这也是你选定模型总体性能的最终指标。

本章介绍了监督学习中的几个概念，并且讲解了构建监督学习中的训练集的方法，也讨论了几种评估机器学习模型的方法。第7章我们开始正式学习机器学习，其中包括构建小型模型的方法，以及如何训练小型模型让它产生正确的输出。

第 7 章

迈向机器学习

本章要点：

- 多项式拟合；
- 贪心随机训练；
- 径向基函数（RBF function）；
- 径向基函数网络模型（RBF Network Model）。

从前面几章我们知道，机器学习算法的一般形式是接受输入向量，生成输出向量。要把输入向量变换到输出向量，还要用到另外两个向量，这两个额外的向量分别叫作"长期记忆"和"短期记忆"。长期记忆又被称为"权重"或"系数"，是通过训练来调整的；短期记忆则并非所有的机器学习算法都需要用到。

把机器学习算法想成是一个函数可能会有助于理解。为了便于演示，我们假设式7–1所示的简单等式是一个机器学习算法。

$$f(x) = 5x \qquad (7\text{--}1)$$

此处我们假设 x 是一个单值标量，而非一个向量；值5则是一个系数。通常来说，系数会被组合成一个向量的形式，用以表示算法的"长期记忆"。当我们对式7–1所示的机器学习算法进行训练的时候，我们会调整系数直到得到预期输出。如果清单7–1所示是式7–1对应算法的训练数据，那么就可以向式7-1提供输入，并对其输出结果进行评估。

清单7-1　简单训练数据

```
Input: [1], Desired Output: [7]
Input: [2], Desired Output: [14]
Input: [3], Desired Output: [21]
```

显然系数5无法产生预期输出。根据第6章所讲的内容，我们可以计算上述预期输出和式7-1的实际输出之间的误差，比如式7-1的输入为1，则实际输出为5，而对应的预期输出却是7。

要为机器学习算法搜寻适当的系数有许多种不同的方法，并且调整系数的方法也是机器学习的主要研究领域。

如果机器学习算法是一个如式7-1的线性函数，一般会用精确的数学方法来求合适的系数。就本例而言，我们只需找到乘以1后所得结果为7的系数即可，因此系数就是7。并且系数为7的话，对训练集中的其他数据误差也为0。

并非所有的数据集都像清单7-1这么简单，事实上，能够通过拟合系数（长期记忆向量）得到完全零误差的情况是十分少见的，因为大多数数据包含了噪声。所谓"噪声"，指的是输入数据中随机出现的扰动，因此会导致更高的误差。由于噪声的缘故，机器学习算法的目标一般也是"算法在新数据上运行良好"，而不会苛求"零误差"。

如果得到了零误差的结果，反而应该怀疑是否出现了过拟合现象。过拟合现象的出现是由于机器学习算法已经完全"记住"了训练数据，这种情况下，算法已经不再提取特征，转而仅仅重复调用记忆好的输入向量，因此过拟合的算法对不在原训练数据集中的新数据不具有良好的表现。

接下来让我们来看看优化系数、降低误差的方法，并且还会介绍一些优化系数的基本算法，第8章则会讨论像模拟退火算法、Nelder–Mead算法[1]这样更加高级的算法。

本书中出现的大多数训练算法具有通用性，对任何给定的"长期记忆"，这些算法都可以尝试进行优化；但也不是所有的算法都如此，有些训练算法对训练的模型有独特的适用性，在第10章中就可以看到这样的算法。当然，除此以外，本书其他章节中大多数算法是通用算法。

7.1 多项式系数

本节将以一个多项式作为待优化的机器学习算法，来介绍优化多项式系数的通用训练方法。一般来说，要优化的系数比一个简单的多项式更为复杂，但这样的例子可以作为介绍机器学习算法的一个很好的切入点。在一个数据集上拟合多项式，可以有效说明那些复杂的机器学习算法的基本工作原理。

所谓多项式，其实就是由变量和常系数组成的数学表达式，其中的运算只有加法、减法、乘法和正整数的幂运算，式7–2就是一个典型的二次多项式[2]。

$$f(x)=2x^2+4x+6 \qquad (7-2)$$

式7–2接受一个值x，返回一个值y，输入、输出向量的大小均为1，式中三个系数分别为：2，4，6。其中，各系数均乘以变量x的幂项，系数2乘以x的平方，系数4乘以x，系数6则乘以x的0次幂，也

---

① 也称"下坡单纯形法"。——译者注
② Lial, 2010。

就是常数1，表现出来就是一个单纯的常数项。

式7-2所示多项式共有3项，每一项对应一个系数，则式7-2中的3个系数可以视作一个向量并表示如下：

```
[2, 4, 6]
```

就式7-2而言，系数均已确定，但一般情况下系数的值需要使用机器学习算法来确定。要达到这个目的，就需要用包含各种预期输出的训练集来对算法进行训练，其中，不同的预期输出对应于各种不同的输入，这样的训练数据可以经由实验收集。要将这些数据拟合为二次多项式，机器学习算法就很有用处。

接下来让我们先创建一些训练数据。已知所要的解是系数[2, 4, 6]，这当然完全是人为设定的，但有助于说明基本训练算法的使用。要生成训练数据，只需迭代多个x的值，并计算出对应的多项式的值即可，然后使用随机的系数来训练，以接近正确的系数。我们将仅使用训练数据，以此来看看能否重新获得正确的系数。

生成的训练数据如清单7-2所示，显然，这是将输入从-50迭代到+50的结果，理想输出由计算得出。

清单7-2　多项式训练数据

```
[BasicData: input: [-50.0], ideal: [4806.0]]
[BasicData: input: [-49.0], ideal: [4612.0]]
[BasicData: input: [-48.0], ideal: [4422.0]]
...
[BasicData: input: [47.0], ideal: [4612.0]]
[BasicData: input: [48.0], ideal: [4806.0]]
[BasicData: input: [49.0], ideal: [5004.0]]
```

给定以上数据，接下来看看如何调整系数以产生这些数。下一节要介绍的是如何使用清单7-2所示的数据来重建式7-2所示的多项式——当然，首先要假定我们并不知道实际的多项式，所有的条件仅仅是清单7-2中的数据。

7.2 训练入门

在训练期间调整一个机器学习算法的长期记忆的方法有很多，在本节中，我们将介绍的是"贪心随机训练算法"，这个算法实现起来很简单。在第8章中，我们将会介绍适应性和稳定性更强的训练算法，这些更加强健的训练算法能够比贪心随机训练法更快地找到"长期记忆"的最优值。

贪心随机训练算法

贪心随机训练算法实现起来尤其简单，概括起来基本上就是为长期记忆向量随机选取一组值。算法的"贪心"之处在于它只保存到当前为止效果最好的一组长期记忆值，如果新的长期记忆值比上一组性能更优，毫无疑问算法会选择保存新的这一组值而丢弃之前的值，这一算法有时也被称作"随机漫步算法"。

这一算法可以用如清单7-3所示的伪代码表示。

清单7-3　贪心随机训练算法（最小性能版本）

```
function iteration(
  ltm, // 当前的长期记忆向量
  lowRange, // 随机范围的最小值
  highRange //随机范围的最大值
)
{
  // 评估当前状态的性能
  oldScore = calculateScore(ltm);
  // 保存当前状态的副本
  // 以免性能提升失败
```

```
len = ltm.length;
oldLtm = ltm.clone();

// 随机设置一个状态
for i from 0 to len
{
 ltm[i] = rand(lowRange, highRange);
}
// 对新的随机状态进行评估
newScore = calculateScore(ltm);
// 贪心判定。新的随机状态相对上一个状态是否有性能上的提升？
// 如果没有，则恢复上一个状态
if(newScore>oldScore)
{
 ltm = oldLtm.clone();
}
}
```

上述代码①实现了贪心随机训练算法的一个迭代，传递的参数共有3个。

- 参数1：要优化的长期记忆向量；
- 参数2和参数3：给长期记忆向量中各元素赋值的随机范围上下限。

迭代函数把随机值赋给长期记忆向量，将随机赋值前后的评估得分进行比较，如果得分没有下降，则丢弃新的长期记忆值并恢复上一个状态的长期记忆值。算法只接受性能有所改善的结果，这正是算法被称作"贪心"的原因，却并非总是最佳策略。俗话说得好，"退步原来是向前"，偶尔在性能上适当地妥协可能会在之后得到更佳的结果。

无论如何，贪心随机训练算法确实可以对向量值进行训练。对形如式7-2的多项式运行算法，可以得到如下结果：

---

① 这段代码中，评估得分越小则性能越高。——译者注

```
Iteration #999984, Score = 37.93061791363337,
Iteration #999985, Score = 37.93061791363337,
Iteration #999986, Score = 37.93061791363337,
Iteration #999987, Score = 37.93061791363337,
Iteration #999988, Score = 37.93061791363337,
Iteration #999989, Score = 37.93061791363337,
Iteration #999990, Score = 37.93061791363337,
Iteration #999991, Score = 37.93061791363337,
Iteration #999992, Score = 37.93061791363337,
Iteration #999993, Score = 37.93061791363337,
Iteration #999994, Score = 37.93061791363337,
Iteration #999995, Score = 37.93061791363337,
Iteration #999996, Score = 37.93061791363337,
Iteration #999997, Score = 37.93061791363337,
Iteration #999998, Score = 37.93061791363337,
Iteration #999999, Score = 37.93061791363337,
Iteration #1000000, Score = 37.93061791363337,
Final score: 37.93061791363337
2.0026889363153195x^2 + 4.057350732096355x +
9.393343096548456
```

如上所示，贪心随机训练算法的结果与预期系数相当接近，预期结果是 [2，4，6]，而算法得到的结果则是 [2.002，4.057，9.3933]。

贪心随机训练算法的结果一般被作为一个基准，可以将贪心随机训练算法的结果与要评估的新算法进行比较，如果新算法的表现不比贪心随机训练算法好，就说明新算法的性能堪忧。

7.3 径向基函数网络

上一节中，我们学习了如何优化多项式系数，但大多数机器学习算法比一个简单多项式复杂得多。本节我们就将介绍一种被称为"径向基函数网络[①]"（Radial Basic Function Network，RBF Network）的算

---

① Bishop，1996。

法模型，这是一种可以用于回归和分类的统计模型。

径向基函数网络有一个代表"长期记忆"的向量，但不存在"短期记忆"向量，其中"长期记忆"由系数和其他参数组合而成。训练该网络的方法有很多，网络以径向基函数为基本组成结构，并且贪心随机训练算法和爬山算法都可以用于训练这种网络。

7.3.1节会简单熟悉一下径向基函数的概念，并给出其长期记忆向量具体都由哪些成分组成。

7.3.1　径向基函数

径向基函数是人工智能领域一个非常重要的概念，因为很多人工智能算法都需要用到这种技术。径向基函数也分为许多种不同的类型，本章会介绍其中一部分。

径向基函数关于其在 x 轴上的中点对称，并在中点处达到最大值，这一最大值称作"峰值"，且峰值一般为1。实际上在径向基函数网络中，峰值总是1，中点则视情况而定。

径向基函数可以是多维的，但无论输入向量是多少维，输出都总是一个标量值。

有很多常见的径向基函数，其中最常用的就是"高斯函数"。图7-1就是对称轴为直线 $x=0$ 的一维高斯函数图像。

径向基函数通常被用于选择性地放缩数据，高斯函数也不例外。以图7-1为例，如果用这个函数来放缩数据，则中心点处放缩幅值最大，越往 x 轴正负方向放缩幅值越小。

在给出高斯径向基函数的公式之前，先要研究一下多维的情况如何处理。需要注意的是，径向基函数的输入是多维数据，返回的则是一个标量值——这是通过计算径向基函数的输入向量和中心向量之间的距离实现的，其中"距离"记为r。当然，要使计算能够进行，输入向量和中心向量维数必须相同。只要计算出了这个r，接下来就可以计算出对应的径向基函数值了——所有的径向基函数都要用到这个计算出的"距离"r。

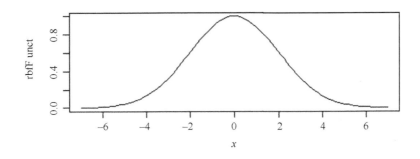

图7-1　高斯函数

式7-3即为r的计算公式：

$$r=\|x-x_i\| \tag{7-3}$$

式7-3中双重竖线的符号表示计算的是"距离"。欧氏距离是径向基函数中最常用的距离概念，但在特殊情况下，也有可能使用其他的距离概念——本书中的示例均使用欧氏距离。因此本书中的r就是指的输入向量x和中心向量x_i之间的欧氏距离，本节所有径向基函数中的"距离"r均由式7-3计算得出。

高斯径向基函数的公式如式7-4所示：

$$\phi(r)=e^{-r^2} \tag{7-4}$$

只要计算出了r，计算径向基函数的值就很容易了，式7-4中的

希腊字母 ϕ 一般用来表示"径向基函数"。

高斯函数并非唯一的径向基函数，还有一些其他的径向基函数，其函数图像也各不相同。如果使用径向基函数来进行数据放缩的话，不同的函数图像则意味着不同的放缩方式。图7–2所示是Ricker小波的函数图像。

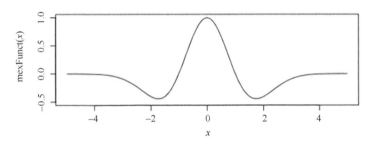

图7-2　Ricker小波（墨西哥帽函数）

Ricker小波函数也经常被用作径向基函数，由于其函数图像与墨西哥的宽边帽形状十分相似，因此又被称作"墨西哥帽函数"，如式7–5所示。

$$\phi(r) = (1-r^2) \cdot e^{-r^2/2} \qquad (7-5)$$

从图7–2可以看出，Ricker小波函数实际上是在两边进行负向放缩，继续增大"距离" r 的绝对值则放缩幅度逐渐回归到0值。

不同的径向基函数适用于不同的情况，还有一些常用的径向基函数包括：

- 多二次函数（Multiquadric）；
- 逆二次函数（Inverse quadratic）；
- 逆多二次函数（Inverse multiquadric）；
- 多重调和样条（Polyharmonic spline）；

- 薄板样条（Thin plate spline）。

使用径向基函数可以实现被称作"径向基函数网络"的统计模型，并且可以使用任何此前讨论过的方法来训练这个模型。

 ## 7.3.2 径向基函数网络

径向基函数网络是一种既可以用于分类问题，也可以用于回归问题的统计模型。该网络本质上就是一至多个径向基函数的加权求和，其中每个径向基函数均接受一个带权重的输入，从而对输出进行预测。式7-6描述了一个径向基函数网络：

$$f(\boldsymbol{X}) = \sum_{i=1}^{N} a_i p(\ \|\ b_i \boldsymbol{X} - c_i\ \|\ ) \qquad (7\text{-}6)$$

注意其中双竖线表示运算结果是"距离"，但并未规定计算距离的算法，也就是说选取哪种距离参与运算需要视情况而定。上式中 $\boldsymbol{X}$ 指的是输入向量；$\boldsymbol{c}$ 是径向基函数的中心向量；$\boldsymbol{p}$ 是所选的径向基函数（比如高斯函数）；$\boldsymbol{a}$ 是每个径向基函数对应的系数，一般为向量形式，也称"权重"；$\boldsymbol{b}$ 则是每个输入对应的权重系数。本章稍后会给出式7-6对应的伪代码实现。

下面以鸢尾花数据集为例，应用径向基函数网络，图7-3即为该网络的图形化表示。

图7-3所示的网络有4项输入（包括花萼宽、花萼长、花瓣宽、花瓣长），分别对应于描述鸢尾花种属的各项特征。为简单起见，图7-3中假定3个鸢尾花种属的编码方式为独热编码法；当然也可以用等边编码法，不过输出项就应该只有两个了。示例中需要选取3个径向基函数——这一选择没有什么限制条件，全凭个人喜好。增加径向基函数的数目能够使模型学习更加复杂的数据集，但也会耗费更多的时间。

图7-3中的箭头代表的是式7-6中全部的系数：输入和径向基函数之间的箭头表示的是式7-6中的系数b；径向基函数和求和号之间的箭头则表示系数a。可能你也注意到了图7-3中的"偏置框"，这是人为添加的一个返回值总是1的函数；由于输出是一个常数，因此也就不需要输入。偏置项到求和号之间的权重起着类似于线性回归中"截距"的作用，因此偏置的存在并不总是坏事儿，在本例中，偏置就是径向基函数网络的一个重要组成部分。在神经网络中，也经常会用到"偏置节点"。

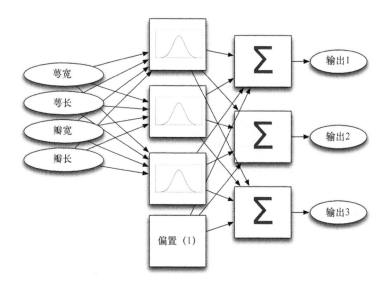

图7-3 以鸢尾花数据集为输入的径向基函数网络

从图7-3中的求和号有多个可以看出，这是一个分类问题，几个求和运算的最大值所对应项即预测结果。而如果是一个回归问题，则输出应当只有一项。该输出即回归问题的预测结果。

你肯定注意到了图7-3中的偏置节点，其所在位置与径向基函数同一层级，就像是另一个径向基函数，只不过不像径向基函数那样需要接受输入而已。这个偏置节点总是输出常数1，然后这个1再乘以对应的系数，就相当于无论输入是什么情况，都把对应系数直接加到了输出项中。尤其在输入为0的时候，偏置节点就会很有用，因为它使得即使输入为0，径向基函数层也依然有值可以输出。

径向基函数网络的长期记忆向量由几个不同的部分组成：

- 输入系数；
- 输出系数（求和系数）；
- 径向基函数放缩范围（在各维度上范围相同）；
- 径向基函数中心向量。

径向基函数网络把这所有的元素保存为一个向量，这个向量即为该径向基函数网络的"长期记忆向量"。稍后我们会使用贪心随机训练算法或爬山算法来训练网络，以使其长期记忆向量的值达到能够根据提供的特征数据正确判断鸢尾花类别的程度。

这个模型的工作原理与此前的多项式相差无几，仅有的不同在于表达式更加复杂，因为现在需要计算多个输出值以及径向基函数的函数值了。

7.3.3　实现径向基函数网络

本节要给出作为示例的径向基函数网络中，两个主要函数的伪代码实现。首先来看径向基函数网络的初始化函数，该函数的主要作用是在生成径向基函数的时候，给网络分配长期记忆向量。要创建一个径向基函数网络，需要提供下列3项信息：

- 输入通道数目；
- 径向基函数数目；
- 输出通道数目。

输入和输出的数目决定于输入和输出向量的大小，对于选定数据集，这些值也是给定的。径向基函数的数目就稍微主观一些，使用的径向基函数越多，模型得到预期结果的性能就越好，但同时也会导致模型的时间效率下降。

清单7-4给出了初始化一个径向基函数网络的伪代码。

清单7-4　初始化径向基函数网络

```
function initRBFNetwork(
 theInputCount, // 网络的输入通道数目
 rbfCount,      // 网络中径向基函数的数目
 theOutputCount // 网络的输出通道数目
)
{
 result = new RBFNetwork();
 // 给该网络设置几个简单的参数
 result.inputCount = theInputCount;
 result.outputCount = theOutputCount;
 // 计算输入和输出权重的数目
 // 由于额外的偏置节点，因此要在输出中加1
 inputWeightCount = inputCount*rbfCount;
 outputWeightCount = (rbfCount + 1) *outputCount;
 rbfParams = (inputCount + 1) *rbfCount;
 // 为长期记忆向量分配足够的空间
 result.longTermMemory = alloc(inputWeightCount
 + outputWeightCount + rbfParams);
 // 设置网络的其他参数
 result.indexInputWeights = 0;
 result.indexOutputWeights = inputWeightCount + rbfParams;
 // 分配径向基函数
 result.rbf = new FnRBF[rbfCount];
 // 设置每一个径向基函数
 for i from 0 to rbfCount
 {
 // 获取当前径向基函数（在整个长期记忆向量中）对应的索引
 rbfIndex = inputWeightCount + ((inputCount + 1) *i);
 // 分配一个高斯函数，并指定输入数目和
 // 该径向基函数参数在长期记忆向量中的存储位置
```

```
// 高斯函数的参数是宽度和中心点位置
result.rbf[i] = new GaussianFunction(
  inputCount, result.longTermMemory, rbfIndex);
}
// 返回新生成的网络
return result;
}
```

上述方法开头分配了一个名为"**result**"的对象来保存径向基函数网络，其中保存的内容包括长期记忆向量和网络的其他基本参数。

上述代码精确计算了保存各个系数和径向基函数参数这些长期记忆需要多大的空间，且每个径向基函数都被分配了一段长期记忆对应的存储空间来保存相应的函数参数。本例中，径向基函数的参数是：① 宽度；② 中心点位置。

上述代码实际上并未给长期记忆赋值，因此在网络构造完成之后，一般会赋给一组随机值，称之为"初始化点"。之后，"训练"的过程会调整长期记忆的值，以向能够产生接近预期输出的值靠拢。就本例的鸢尾花数据集而言，输出指的就是网络判断出的输入数据对应的鸢尾花种属。

径向基函数网络构建完毕，且长期记忆设置好之后，就可以开始训练网络了。首先就需要调用径向基函数网络模型，并评估其初始化的输出——由于初始化点是一组随机值，因此最初的输出结果表现不会很好，但训练毕竟还是需要从某组值开始，也就无所谓是不是随机值了。

跟多项式的情况一样，我们也必须计算径向基函数网络的输出，清单7-5中的伪代码就体现了这一计算过程。

清单 7-5　计算径向基函数网络的输出

```
function computeRBFNetwork(
  input,//输入向量
```

```
    network  // 径向基函数网络
)
{
    // 首先，计算每个径向基函数的输出值
    // 添加一个额外的径向基函数输出值作为偏置
    // （偏置值总为1）
    rbfOutput = alloc(network.rbf.length + 1);
    // 偏置值总为1
    rbfOutput[rbfOutput.length - 1] = 1;
    for rbfIndex from 0 to network.rbf.length
    {
        // 输入加权
        weightedInput = alloc(input.length);
        for inputIndex from 0 to input.length
        {
            memoryIndex = network.indexInputWeights
            +(rbfIndex*network.inputCount) + inputIndex;
            weightedInput[inputIndex] = input[inputIndex]
            *network.longTermMemory[memoryIndex];
                }
                // 计算当前径向基函数的值
                rbfOutput[rbfIndex] =
                network.rbf[rbfIndex].evaluate(weightedInput);
    }
    // 计算输出值
    // 其值为各径向基函数输出的加权结果
    result= alloc(network.outputCount);
    for outputIndex from 0 to result.length
    {
     sum = 0;
     for rbfIndex from 0 to rbfOutput.length
     {
       // 径向基函数个数在原来的基础上加1，作为偏置项
       memoryIndex = network.indexOutputWeights
        +(outputIndex*(network.rbf.length + 1)) + rbfIndex;
       sum += rbfOutput[rbfIndex]
        *network.longTermMemory[memoryIndex];
     }
     result[outputIndex] = sum;
    }
    // 最后，返回计算结果
```

```
    return result;
}
```

上述代码计算出了多层网络的最终输出，下面简单介绍代码逻辑。首先创建名为 **rbfOutput** 的变量，顾名思义，该变量用以保存各径向基函数的输出。接下来依次遍历径向基函数，并计算出每个径向基函数的加权输入——所谓"加权输入"，其实就是将输入与径向基函数的输入系数相乘得到的向量。在图 7–3 中，最左边的一列箭头代表的就是这些输入系数。依次计算出径向基函数的值，就得到了除最后一个元素以外的整个 **rbfOutput** 向量，而这最后一个元素作为偏置节点，其值恒为 1。

得到 **rbfOutput** 向量之后，将其乘以网络的输出系数，也就是图 7–3 中最右边一列箭头所代表的系数（实际上是中间那一列箭头）。最后把计算出的输出值保存到结果向量中，并将结果向量的值返回给主调函数。

7.3.4 应用径向基函数网络

下面分别给出了在 XOR（异或）数据集和鸢尾花数据集上应用径向基函数网络的示例，可以清楚地看到径向基函数是如何拟合数据集的预期输出的。我们先来看看在 XOR 数据集上，经过随机训练算法训练后模型的输出效果。

```
Iteration #999996, Score = 0.013418057671024912,
Iteration #999997, Score = 0.013418057671024912,
Iteration #999998, Score = 0.013418057671024912,
Iteration #999999, Score = 0.013418057671024912,
Iteration #1000000, Score = 0.013418057671024912,
Final score:  0.013418057671024912
[0.0, 0.0] -> [-0.16770550224628078], Ideal: [0.0]
[1.0, 0.0] -> [0.9067663351025073], Ideal: [1.0]
```

```
[0.0, 1.0] -> [0.8703332321473845], Ideal: [1.0]
[1.0, 1.0] -> [0.0064115711694006094], Ideal: [0.0]
```

经过大量的迭代，最后终于把评估得分降到了0.01，在上述输出效果中，显然我们略过了大部分的训练迭代，并且从上面的输出也可以看出，实际输出与理想输出并不严格相等。比如第一个输入 [0, 0]对应的理想输出是[0]，而实际输出则是一个与之相当接近的值，–0.16。理想输出本应均为1的两个输入，对应的实际输出则是与1相近的两个值，分别为0.906和0.87。

在鸢尾花数据集上训练的输出结果如下：

```
Iteration #99971, Score = 0.08747428121794937,
Iteration #99972, Score = 0.08747428121794937,
Iteration #99973, Score = 0.08747428121794937,
Iteration #99974, Score = 0.08747428121794937,
Iteration #99975, Score = 0.08747428121794937,
Iteration #99976, Score = 0.08747428121794937,
Iteration #99977, Score = 0.08747428121794937,
Iteration #99978, Score = 0.08747428121794937,
Iteration #99979, Score = 0.08747428121794937,
Iteration #99980, Score = 0.08747428121794937,
Iteration #99981, Score = 0.08747428121794937,
Iteration #99982, Score = 0.08747428121794937,
Iteration #99983, Score = 0.08747428121794937,
Iteration #99984, Score = 0.08747428121794937,
Iteration #99985, Score = 0.08747428121794937,
Iteration #99986, Score = 0.08747428121794937,
Iteration #99987, Score = 0.08747428121794937,
Iteration #99988, Score = 0.08747428121794937,
Iteration #99989, Score = 0.08747428121794937,
Iteration #99990, Score = 0.08747428121794937,
Iteration #99991, Score = 0.08747428121794937,
Iteration #99992, Score = 0.08747428121794937,
Iteration #99993, Score = 0.08747428121794937,
Iteration #99994, Score = 0.08747428121794937,
Iteration #99995, Score = 0.08747428121794937,
Iteration #99996, Score = 0.08747428121794937,
```

```
Iteration #99997, Score = 0.08747428121794937,
Iteration #99998, Score = 0.08747428121794937,
Iteration #99999, Score = 0.08747428121794937,
Iteration #100000, Score = 0.08747428121794937,
Final score: 0.08747428121794937
```

上述输出表明，通过使用贪心随机训练算法并经过大量迭代，整个训练过程一直持续到评分降到了0.08的等级，这意味着大多数鸢尾花都能够被正确地分类。在第8章，我们会使用更先进的算法，在更少的迭代次数内得到更好的结果。

7.4 本章小结

本章介绍了训练机器学习算法的基础知识，正常来说，在训练过后，对于特定输入，机器学习算法都能够产生与预期结果接近的输出。而带有预期输出的给定输入就是被用来训练模型的所谓"训练集"。

大多数机器学习算法有"长期记忆"这个属性，并在训练过程中不断调整。"长期记忆"还有个名字叫作"权重"，有时也被称作"系数"，一般被保存为向量形式。

本章还介绍了贪心随机训练算法，这是一种很简单的训练算法，其实就是给长期记忆随机赋值，不断尝试新的参数组合，并保存表现最佳的参数组合。同时，该算法也经常作为一个基准，用以衡量比较其他算法的性能。

在本章中我们训练了两个不同的模型：一个简单的多项式和一个径向基函数网络模型。多项式的例子展示了贪心随机训练算法如何用于拟合简单公式，并用该算法估计了示例多项式中的3个系数。

径向基函数网络模型的基础就是径向基函数，这种函数具有关于中点对称的特性。每个径向基函数都具有多维的中心点，和可变的宽度值；但要注意的是，对指定的径向基函数而言，在各个维度上，宽度的大小是一致的。本章中，我们使用的是高斯径向基函数。

径向基函数网络使用训练算法来调整长期记忆的值，模型最终可以用于分类或回归问题。其中模型的长期记忆包括系数、径向基函数宽度和径向基函数的中心点向量。本章中构建出的模型用来拟合了鸢尾花数据集。

第8章会介绍其他的一些优化算法，均可用于调整径向基函数网络的长期记忆值。实际上只要模型保存了类似于长期记忆向量这样的状态属性，都可以应用这些优化算法。具体来说，这些算法包括爬山算法、模拟退火算法和Nelder-Mead训练算法。

第 8 章
优化训练

本章要点：

- 爬山算法；
- 模拟退火算法；
- Nelder–Mead 算法。

在本章中，我们会通过细化机器学习模型的训练过程来学习较前几章更为复杂的训练算法。训练机器学习模型实际上有很多种算法，本章介绍的几个优化算法都不会局限于特定模型，也就是说这些算法都具有通用性。

本章主要介绍连续型向量的优化方法，即向量元素均为浮点数；在第 9 章会讨论离散优化问题。

8.1　爬山算法

爬山算法实现起来比贪心随机算法要复杂一些，但贪心随机算法的劣势之一在于无法进行细调。使用贪心随机算法时，以一个随机生成的向量值作为长期记忆，一旦找到表现更好的随机向量，立刻替换原来的长期记忆，而无法通过细调来得到可能就在附近的最优解，只能听天由命。

爬山算法则是在当前向量值的基础上进行细调，是名副其实"爬山"的过程。假设你被随机扔在崇山峻岭的某个半山腰，而你的目的是爬到附近区域的最高峰，你肯定会看看自己附近一步以内的位置，看看哪个方向更高，再决定往哪个方向走；重复这一过程，直到附近再也找不到更高的位置，你就到达了局部的最高峰，这个寻找最高峰的过程也就结束了。在爬山算法中，当到达离初始点最近的最高点时，算法终止；该最高点也称"局部最大值"。

　　上述过程也可以反过来找最小值，这样就不是选择通向最高点的路径，而是选取通向最低点的路径，这个最低点也称"局部最小值"。局部最小值和局部最大值在训练过程中都是非常重要的概念。

　　用同样的例子打个比方，假设你从美国东海岸开始，使用爬山算法来搜索最高点，你可能会止步于阿巴拉契亚山脉。因为从东海岸出发往高处走，就会通向阿巴拉契亚山脉中的各个山峰，而到了峰顶之后也就无处可去了；但可惜的是这些山峰并非世界上最高的山峰，甚至都不是美国的最高峰。

　　这个例子假设你在地球表面的二维空间中移动，三维空间上的高度对本例没什么影响，因为你毕竟不可能飞起来。但高度也是客观存在的，并且随着你在 x 和 y 两个维度上的移动不断改变。大多数机器学习应用的维度都远不止两维，但原理都是一样的——只是这些应用需要搜索更多的维度罢了。

　　除非是一个极为简单的模型，否则你也许永远也别想找到全局最大值或全局最小值；相反应该试图在邻近区域找到更佳的局部最大值或局部最小值。如果发现训练过程"陷在"某个区域出不来，可能就需要随机赋值然后重新开始训练；当然这种情况也有一定的概率是在局部最小值或局部最大值附近结束训练（换句话说，就是没有到达喜马拉雅山脉，而止步于阿巴拉契亚山脉）。爬山算法也具有贪心的特性，换句话说，算法不会放弃阿巴拉契亚山脉中的一个峰顶转而去寻求其他地方的最大值。

爬山算法由两个独立的函数来实现，第一个函数执行算法的初始化工作，第二个函数给出迭代过程。先来看看清单8-1给出的爬山算法的一个迭代[1]。

清单8-1　爬山算法（初始化）

```
function initHillClimb(
  ltm, // 初始化的长期记忆
  acceleration, // 加速度
  initialVelocity // 各维度上的初始步幅
)
{
  for i from 0 to ltm.length
  {
   stepSize[i] = initialVelocity;
  }
  candidate[0] = -acceleration;
  candidate[1] = -1 / acceleration;
  candidate[2] = 0;
  candidate[3] = 1 / acceleration;
  candidate[4] = acceleration;
}
```

爬山算法有几种不同的实现，上述实现利用了"步幅"和被称为"加速度"的两个参数。该算法假定在往正确方向移动的过程中会出现加速的现象。

清单8-1中的伪代码构造了两个向量用于算法的实现。向量stepSize规定了算法在每个维度上移动一步的距离，其参数的初始值来自于变量initialVelocity。向量candidate定义了算法可能采取的

---

① Russell,2009。

5种行为，其具体值是由acceleration这个参数计算出来的；并且各个维度上的移动都会在这5个行为中择一而从。参数acceleration和initialVelocity的大小都会影响训练的效率，要想得到最佳结果就必须要尝试不同的参数组合。

算法初始化之后，就可以开始进行迭代了。清单8-2给出了爬山算法的迭代函数。

清单8-2　爬山算法的迭代

```
function iterateHillClimb(ltm)
{
  len = ltm.length;
  // 循环遍历每个维度，尝试提升性能
  for i from 0 to len
  {
   best = -1;
   // 要求最小值，故把"最佳得分"初始化为正无穷
   // 任意数都小于正无穷，因此把第一个得分
   // 初始化为正无穷
   bestScore = +Infinity;
   // 在当前维度上尝试所有可能的行为
   for j from 0 to candidate.length
   {
    // 尝试各个行为并评估结果，但评估完后立即回退
    ltm[i] = ltm[i] + (stepSize[i] * candidate[j]);
    temp = score .calculateScore(ltm);
    ltm[i] = ltm[i]-(stepSize[i] * candidate[j]);
    // 任一维度上若有最佳的性能提升
    // 则保存得分和行为序号
    if(temp <bestScore)
    {
     bestScore = temp;
     best = j;
    }
   }
   // 完成了在当前维度上的尝试
   // 看是否有某个行为产生了更好的结果
```

```
    //  若是，则在该方向上移动
    if(best != -1)
    {
     ltm[i] = ltm[i] + (stepSize[i] * candidate[best]);
     stepSize[i] = stepSize[i] * candidate[best];
    }
  }
}
```

上述迭代要一直调用，直到再次调用的时候不会再产生移动为止。一旦调用函数不再产生移动，则表明算法达到了局部最小值，因为上述函数的设计目标就是尽量减小评估函数得到的评估分数。要将其改编为求最大值的版本也很简单。本例在GitHub上的示例既可以搜索最小值，也可以搜索最大值。

爬山算法的表现通常比贪心随机算法要好，并且跟贪心随机算法一样，爬山算法也经常被用作基准算法。

上面给出的爬山算法具体实现优化的是连续值，即在两个指定值之间还存在无数的值；对于给定数量的离散值的优化则存在另一种算法。比如停车场中汽车的数量就是一个离散值——毕竟不可能存在小数数量的汽车。第9章介绍的就是离散值的优化。

8.2 模拟退火算法

Scott Kirkpatrick 和其他几位研究者在20世纪80年代初期提出了模拟退火算法。最初提出这一算法是为了通过模拟金属退火的过程，更好地优化集成电路（Integrated Circuit，IC）芯片设计。

退火是冶金学上的一个过程，先将固态金属加热，然后缓慢冷却直到晶化。这样材料中的原子在高温下具有很高的能量，使得这些原子随机运动更加剧烈，更容易产生各种新的结构。随着温度下降，原子能量也开始降低。这时如果冷却过程太快（即"快速淬火"），晶体结构就会变得散乱无序；理想情况下，应当是缓慢降温，得到更加一致、稳定的晶体结构，这样可以增加金属的耐久性。

模拟退火算法模拟的就是这个"退火"的过程。算法从某个"高温点"开始，此时长期记忆在一个很大的区间内随机取值。随着训练过程的进行，"温度"开始下降，因此长期记忆的变化范围也逐渐受到限制。模拟退火算法多能产生比较优秀的解，就如同退火过程能够使金属得到更佳的晶体结构[①]。

 ### 8.2.1 模拟退火算法的应用

对任意公式，给定一定数目的输入，模拟退火算法都能求出什么样的输入可以得到对应公式的最小值。在旅行商问题中，要求计算旅行商必须走过的总距离，就相当于机器学习算法中的误差计算或者是评估函数。

模拟退火算法在问世之初，主要在集成电路设计方面广为应用。为了完成芯片的设计任务，大多数集成电路芯片内部都由大量逻辑门组成。就像代数表达式大多能够化简一样，集成电路芯片的布局也一样可以化简。

模拟退火算法通常用来找到比原始设计的逻辑门更少的设计方案，这样可以有效减少芯片发热，提高芯片运行速度。机器学习算法中的长期记忆向量就是一个很好的优化对象，算法会尝试不同的长期记忆值，直到误差函数返回一个足够小的结果。

---

① Das, 2005。

8.2.2 模拟退火算法

模拟退火算法与爬山算法有个相似之处在于，它们都会基于当前位置，来考虑下一步采取什么样的行动。这些"下一步行动"都是随机选择的，如果随机到的某个行为得到了比当前位置更好的结果，那么算法就一定会移动到这个新的位置；而如果该行为得到的结果比当前位置要更差，则算法会随机选择是否移动到这个新位置，"温度"越高，则"是"的随机概率就越大（如图8-1所示）。

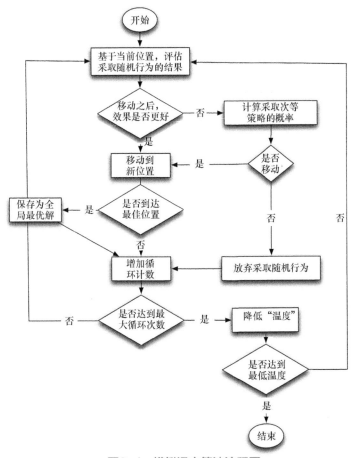

图8-1　模拟退火算法流程图

采取"更坏策略"的概率是一个很重要的特性。不像贪心随机算法那样，时时刻刻都求最好，模拟退火算法有时候会选择以退为进。

清单8-3给出了模拟退火算法的伪代码实现。

清单8-3　模拟退火算法伪代码实现

```
function iteration(
  ltm,// 要优化的长期记忆
  cycles// 每次迭代的循环次数
)
{
  len = ltm.length;
  k++;
  currentTemperature = coolingSchedule(k);
  for cycle from 0 to cycles
  {
   // 备份当前状态
   oldState = ltm.clone();
   // 随机选取行为
   performRandomize(ltm);
   // 结果是否改善?
   // 如果结果有所改善，则保存新的位置（贪心）
   trialError = calculateScore(ltm);
   // 当前迭代结果是否改善? 若改善，一定保存新位置
   keep = false;
   if trialError<currentError
   {
    keep =true;
   }
   else
   {
    p = calcProbability(
    currentError,
    trialError,
    currentTemperature);
    if(p > rand())
    {
     keep = true;
    }
```

```
        }
        // 是否保存新位置？
        if(keep)
        {
         currentError = trialError;
         // 如果结果优于之前的全局最佳误差
         if(trialError<globalBestError)
         {
          globalBestError = trialError;
          oldState = ltm.clone();
          globalBest = ltm.clone();
         }
        }
        else
        {
         ltm = oldState.clone();
        }
       }
      }
```

上述代码即模拟退火算法的一个迭代。每次迭代从冷却进度中获取"当前温度"，并在该迭代过程中保持不变，每次迭代都执行确定次数的循环，而每次循环都会尝试在当前位置的基础上随机移动，整个过程中"温度"都是恒定的。

每次循环随机选取一个位置，由于是在当前位置的基础上进行随机，所以可能的选项也就只有相邻的各个位置。如果在新的位置上表现比当前位置更好，算法就会移动到这个新的位置；否则算法就会根据上一次的误差、本次的误差和当前温度三者计算出一个数值，作为移动到新位置的概率，具体的计算过程本章稍后会给出。

在迭代的最后，算法判断了当前结果是否优于此前的最优解。在这一点上，模拟退火算法终归还是"贪心"的，因为它一直保存的毕竟还是已知的最优解。

8.2.3　冷却进度

冷却进度规定了在模拟退火算法迭代期间，"温度"下降的速度。"温度"决定了在结果变坏的情况下，算法依旧移动到新位置的概率：在训练初期，此概率较高；在训练进行了很长时间后，此概率就会小很多了。这样算法就能够逐渐收敛到较优解附近。式8-1就是用于计算冷却进度的：

$$T(k) = T_{\text{init}} \frac{T_{\text{final}}^{\frac{k}{k_{\max}}}}{T_{\text{init}}} \tag{8-1}$$

式8-1可以根据每次迭代的迭代序号k，计算出其应有的"温度"。使用公式时有几个地方要注意：

- 要给定"温度"的初值和终值，还有迭代次数的最大值；
- 不必完全照搬式8-1；
- "'温度'随训练过程的进行逐渐降低"这一点很重要；
- 式8-1中，"温度"终值不能为0，但可以是一个接近0的值。因为"温度"终值是式8-1中的乘法因子，其值为0则当前"温度"值也立马为0了。

图8-2就是冷却进度的一个示例。

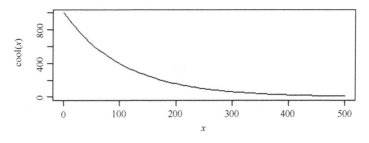

图8-2　从1 000冷却到10，共计500次迭代

温度决定的是算法接受更坏结果的概率。

 ## 8.2.4 退火概率

模拟退火算法总是随机移动，有时得到的结果甚至还不如之前，如果是一个完全的"贪心"算法，就压根儿不会考虑结果更差的新位置；但这种做法有时却适得其反。毕竟欲攀高峰，必临深谷，大多数时候都没有那么一帆风顺的情况。

模拟退火算法接受更坏结果的概率是由一个3个输入的函数计算出来的，3个输入分别是：

- 当前误差；
- 前序误差；
- 当前"温度"。

具体表达式如式8-2所示。

$$P(e, e', T) = e^{-\frac{(e'-e)}{T}} \qquad (8-2)$$

这个概率函数输入为前序误差、当前误差和当前"温度"，返回值为一个（0，1）区间内的数值。返回值为1则表示选择更坏结果的可能性是100%，为0则代表不可能选择更坏的结果。将得到的数值与随机数比较，若随机数大于所得概率数值，则接受更坏的结果作为解。

显然，温度越高，则式8-2返回的概率值越大，但误差的增大也会影响输出的值：误差增长越大，则该结果越不可能被接受。

模拟退火算法也能用来训练第7章讲的径向基函数网络，会比单用爬山算法或贪心随机算法效率要高。

8.3 Nelder-Mead 算法

Nelder-Mead算法由JohnNelder和RogerMead提出[①]，是一种可以用于优化评估函数目标向量的优化算法，有时也称"下山单纯形法"或者"变形虫法"。Nelder-Mead算法比较容易可视化，也因此比较容易理解。在解空间搜索方面，该算法普遍具有较好的效果，所以可以作为学习高级训练算法较好的切入点。

Nelder-Mead算法首先要构造一个"单纯形"。假设求解的问题是N维的，则该单纯形具有$N+1$个顶点，每个顶点都是解空间中的一个点，这些顶点构成的几何体称作"单纯形"，将每个顶点用直线连接起来，每个顶点都对应单纯形的一个角。假如要优化的向量是二维的，那么对应的单纯形就是一个三角形。

单纯形本质上是一组可能解的集合，由于算法总是保存着$N+1$个可能的解，因此随着训练的进行，单纯形的形状也会不断改变。当训练到后期时，这个单纯形就会变得很小，此时，只要选取表现最好的顶点即可得到问题的解。

Nelder-Mead算法也能用来训练第7章讲的径向基函数网络，能够比贪心随机算法和爬山算法更快地收敛到误差较低的解，大多数时候比模拟退火算法都快。

Nelder-Mead算法最初会假定一个解向量，如果无法对解向量的可能值做出有效的推断，不妨随机选取一个向量；而如果此前用其他算法训练过，就可以把之前算法的结果作为初始的猜测值，Nelder-Mead算法能够更进一步地调整解的具体值。毫无疑问，所谓"前一个算法"，当然也可以同样是Nelder-Mead算法。

---

① Nelder, 1965。

这个初始解会作为起始的单纯形的一个顶点，这样一来就还差 N 个顶点，举例来说，对于二维空间的问题，还需要为单纯形另外选取两个顶点。要注意，千万不要混淆了问题维数和顶点个数这两个概念，并且顶点至少是一维的。

就以二维解空间的问题为例，可得下列条件：

- 维数 = N = 2；
- 顶点数 = $N+1$ = 3（即一个三角形）；
- 单纯形：3 个顶点的几何体，每个顶点都具有两个维度（因此形状是三角形）。

Nelder-Mead算法的第一步是生成初始单纯形，这个单纯形会随着迭代的持续进行而改变形状。最开始的单纯形会取初始解向量作为一个初始顶点，将初始顶点的 N 个维度各自改变一定的量，即可分别得到其他 N 个顶点。通常情况下，初始单纯形的各边都设定为等长的。

图 8-3 是二维空间中一个三顶点单纯形的可视化图像。

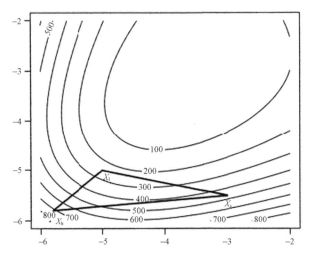

图8-3　Nelder-Mead算法的单纯形

图8-3是一幅拓扑图，我喜欢把这些顶点看作是崎岖山路中的搜索队员，人人都在找着地图上的最佳点，这个点是高是低都取决于评估函数如何定义。简言之，Nelder-Mead算法的原理就是根据更好的两个位置，把位置最差的搜索队员挪到更好的位置上去。

图8-3中的单纯形所要搜索的最小值就在右上角那个类似于椭圆形的区域内。将单纯形的顶点记为 X，以免与解空间的 x、y 两个维度混淆，3个顶点以 h、s、l 区别，分别对应最差的、次差的和最好的顶点。

Nelder-Mead算法的一次迭代包含以下步骤。

（1）分别找出对应的最差、次差和最佳顶点。
（2）把最差的顶点向更好的一边"反射"。
（3）反射成功，则扩张。
（4）反射失败，则收缩。

 ## 8.3.1 反射

反射是Nelder-Mead算法的第二步，表现最差的顶点在这一步就有可能被移动。图8-4演示了反射的基本形式。

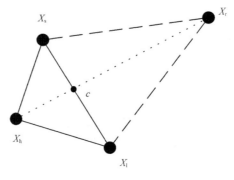

图8-4 反射

当前单纯形由实线构成，其中表现最差的顶点是X_h。要对X_h做反射变换，先取X_s和X_l的中点，记为c（如图8-4所示）。还是以搜索队为例，表现最差的队员X_h将其他两人中点c相对自己所在的方向作为最佳前进方向，究其缘由是因为另外两者所在的位置表现比X_h好，因此有理由假定X_h身后都是更差的位置。由于要往另外两者方向前进，为了尽可能成为表现最好的搜索队员，X_h直接设定了一个远超另二者的目标点X_r。

选取了点X_r之后，就要对其进行评估计算：该点确实表现更好吗？若是，则进行扩张操作；若不是，则进行收缩操作。

8.3.2　扩张操作[①]

继续上面的例子，搜索队员X_h发现移动到点X_r有可能让他的表现更好，他就有点贪心了，想要跑得更远一点儿。如果我们正在深入峡谷，选取更远的点或许能够让我们更快地到达最佳点。图8-5所示就是这种情况。

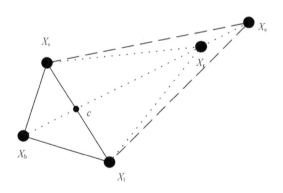

图8-5　扩张操作

---

① 经过斟酌，结合算法该操作的可视化图像，认为将 expansion 译为"扩张"比"膨胀"更贴切。——译者注

搜索队员 X_h 计算出 X_r 是更好的位置，于是内心就有点儿膨胀了，不假思索地跳到了更远些的 X_e 点[①]。当然，就算是"不假思索"也没啥关系，即使跳过头了，他也不过是回到了"最初的起点"，无非还是最差的那个罢了。

本次迭代到这儿就结束了，下一次迭代将重新计算评估每个顶点的表现，并选出表现最差的那个。

8.3.3 收缩操作

当反射得到的点表现还不如当前最差点的时候，就要进行收缩操作。图 8-6 所示就是收缩操作。

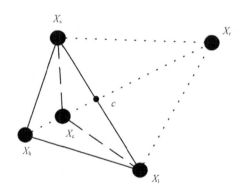

图 8-6 收缩操作

还是以搜索队员为例。队员 X_h 想要移动到点 X_r 处，来提升自己的表现，但要是点 X_r 的表现比当前点还更差，最好的选择就成了向另二者靠拢。移动方向依然是另二者的中点所在方向，但由于原始目标破灭，这次移动就没有超过另二者的连线，而是到了单纯形内往另

[①] 实际上根据 wiki 对应条目的内容，计算出扩张点之后还是进行了一次优劣判定的。——译者注

二者中点 X_c 方向上的某个点——但愿能够对表现有所提升吧。不管怎么说，到这儿，本次迭代也就结束了，下一次迭代会重新评估所有顶点并继续前面的操作。

8.4 Nelder−Mead 算法的终止条件

对于像Nelder−Mead算法这类的迭代算法，把握住它们的终止时机很重要。一般来说有以下3个独立的判断标准：

- 迭代次数超过了最大值；
- 评估结果足够好了；
- 各顶点相互之间离得足够近了。

算法一旦终止，即可认为当前的最佳点就是问题的解。倘若顶点都挤作一团，还可以选择将最佳顶点作为顶点之一构造一个新的单纯形，重新运行一遍算法，前述的搜索过程又会再来一次。

Nelder−Mead算法每次迭代只需要重新评估一个顶点，在这一点上它是比较高效的。在机器学习任务中，计算机大多数的时间都用在对训练数据进行评估上了；而在Nelder−Mead算法中，由于每次迭代只有最差点需要移动，因此也就只需要重新计算一个点就好了。

除了反射、扩张和收缩操作之外，Nelder−Mead算法的很多旧式实现还存在一个被称为"萎缩"的步骤，但随后的研究发现这个步骤多此一举了，因此Nelder−Mead算法的绝大多数现代实现都不再包含此步骤。

不像贪心随机算法、模拟退火算法和爬山算法那么"暴力"，Nelder−Mead算法一次可以基于多个位置进行协同搜索。这种协同搜索的策略在其他高级算法中也很常见，比如粒子群优化算法（Particle

Swarm Optimization，PSO）和遗传算法（Genetic Algorithm，GA）都使用了大量的多点协同求解方法。

8.5　本章小结

本章介绍了用于模型训练的3个优化算法，作用都是优化目标向量中的各个元素值，使训练后的模型表现更优异。其中的目标向量可以是我们学过的任意机器学习模型的长期记忆向量。

爬山算法是一个简单的搜索优化算法，具体做法是以多维空间中的一个位置为起点，评估向该点各个方向移动的优劣，然后选择其中表现提升最多的移动方案。该算法对局部极值十分敏感，一旦在当前点附近找不到更优解，算法就会终止。

模拟退火算法跟爬山算法有点儿类似，但模拟退火算法有时候会选择移动到较当前点表现更差的位置上去。Nelder–Mead算法则是另一个可以用来优化向量的训练算法。

本章介绍的都是连续型向量的优化算法，主要针对的是浮点数向量的优化问题，但也还有些算法可以用于离散数据的优化。第9章就会讲解离散数据的优化。

第9章
离散优化

本章要点：

- 离散 vs. 连续；
- 旅行商问题；
- 背包问题。

在第 8 章中，我们见识了用模拟退火算法来优化机器学习模型的长期记忆的情况，在这一过程中，"优化"过程针对的是这个由连续的浮点值组成的长期记忆向量。对连续值而言，两个连续的整数之间还存在无穷多的其他数值；但并非所有数据都是连续型数据。

本章会使用模拟退火算法来解决离散问题，尤其是其中的旅行商问题和背包问题。旅行商问题之所以是离散问题，是因为其求解的是遍历指定城市的最优路径；而背包问题求解的则是在有限的背包内放入物品的最佳方案。离散问题处理的对象都是有限的。

9.1 旅行商问题

旅行商问题（Traveling Salesman Problem，TSP）是一个难以用传统迭代算法求解的 NP 困难问题，因此经常用模拟退火算法来解决，同时旅行商问题也是最著名的计算机科学问题之一。下面来看看实际应用模拟退火算法解决该问题的情况。

 ### 9.1.1 旅行商问题简要说明

  旅行商问题描述的是有一个旅行商，在指定的多个城市中，从任意城市开始，要分别经过其他城市并最终回到起点城市，求解其最短路径的方案，其中除起点城市外的其他城市能且只能经过一次。旅行商问题还有好些个变体，其中有些变体允许多次经过同一城市，或者是给城市之间的双向路径赋予不同的"成本"。本章要求解的只是在每个城市仅经过一次的情况下，旅行商要经过的最短路径。旅行商问题和本章中要找的最短路径如图9-1所示。

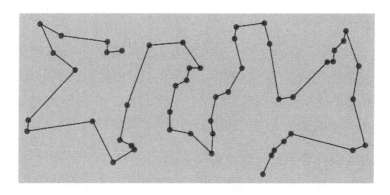

图9-1　旅行商问题

  乍一看寻找最短路径对常规的迭代算法而言好像是个轻而易举的事情，但随着给定城市数量的增多，可能的路径组合数量也急剧增加。假如城市只有一两个，那可能的路径也就只有一条；但3个城市的话，可能的路径就有6条。从下表可以看出路径的数量随城市数目增多得有多么快。

```
1 city has1 path
2 cities have 1path
```

```
3 cities have 6 paths
4 cities have 24 paths
5 cities have 120 paths
6 cities have 720 paths
7 cities have 5,040 paths
8 cities have 40,320 paths
9 cities have 362,880 paths
10 cities have 3,628,800 paths
11 cities have 39,916,800 paths
12 cities have 479,001,600 paths
13 cities have 6,227,020,800 paths
...
50 cities have 3.041*10^64 paths
```

上面的数据的计算公式是阶乘型的，即由阶乘运算符!作用于城市数目 n。任意值 n 的阶乘结果等于 $n \times (n-1) \times (n-2) \times \cdots \times 3 \times 2 \times 1$。如果非要用暴力搜索的话，要搜索的数量就会大得不得了，但模拟退火算法（比如9.1.2节要介绍的示例程序）却可以在几分钟内找到50个城市情况下对应的最短路径。

9.1.2　旅行商问题求解的实现

到目前为止，我们已经在前几章中讨论过了连续型模拟退火算法的基本原理，该算法的离散版本和第8章介绍的连续版本也大同小异，就连流程图都和图8-1是一样的，仅有的差异在于解空间中点的移动方式不同。

执行连续型模拟退火算法的时候，是在当前解的某个或某几个维度上加上一个随机值，而在离散型模拟退火算法上就有点儿不同了。在旅行商问题中，每个解都是一条遍历各城市的路径，当前解也是这么一条路径，而移动到新位置则意味着选取与当前相近的一条路径。

注意，不要混淆了机器学习算法中解空间的术语"位置"和旅行商问题中城市的位置这两个概念。在本例语境下，"位置"并非城市地图上的某个特定位置，而是指在特定的地图上符合旅行商问题限制、依次遍历多个城市、能够起到导航作用的所有可能的路径之一。要从一条路径变换为另一条路径，只需在原始路径中调换两个城市的顺序即可，这样也确保了不至于引入重复的城市。

要应用模拟退火算法，首先要生成一个初始随机解。就旅行商问题而言，指的则是各城市的一个去重的有序随机列表，然后还必须通过添加微小的随机扰动来产生新解。在旅行商问题中，其实就是调换经过某两个城市的顺序，具体的实现方式是随机选取两个不同的索引并交换对应城市在列表中的顺序。

不管是模拟退火算法的哪一种实现形式，都必须具有以下3个要素：

- 对各个解进行评估的评估函数；
- 生成初始随机解的功能，且尽量向最优解靠拢；
- 将当前解变换为新的随机解的功能。

这跟连续型模拟退火算法没什么两样，而连续型模拟退火算法和离散型模拟退火算法最大的不同在于以上3个要素的具体实现方式。在旅行商问题中，评估得分就是旅行商经过的距离，距离越小则认为表现越好；初始解是一个去重的随机城市列表；当前解变换为新解的操作则是由调换两个城市的顺序实现的。

9.2 环形旅行商问题

如何才能衡量一个NP困难问题的算法性能呢？在NP困难问题中，我们多数时候并不知道确切的最优解，这也就使得判断算法的结果与最优解的接近程度变得非常困难。不过，倒是有一种方法可以评估模拟退火算法在旅行商问题上的表现。将所有城市排成一个圈，最优解就应当在这个圆圈或者是椭圆的圆周上。图9-2所示就是模拟退火算法沿椭圆排布的城市进行路径优化的过程。

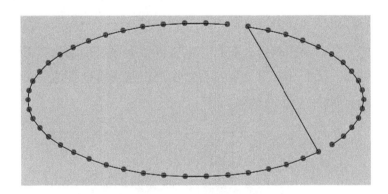

图9-2　椭圆排布时的模拟退火算法路径优化

图9-2所示的模拟退火算法结果已经比较接近最优解了，但还不是最优解；不过没关系，多数情况下全局最优解都很难找得到。并且之所以立马能够知道当前路径不是最优解，还是因为我们对几何中的各种问题都研究得很透彻。如果你有某方面的知识储备可以帮助你解决问题，那么就尽管放手去干，用你的方法去解决问题。只有当你对某个问题一筹莫展的时候，人工智能才算得上是最佳解决方案。

9.3　背包问题

背包问题是一个起源于19世纪晚期的组合优化问题，最初叫什么名字已经不可考了，只是数学家Tobias Dantzig认为这个问题在被正式作为数学问题提出之前就已经在民间故事中流传很久了。

9.3.1　背包问题简要说明

　　背包问题讲的是一个在商店中陷入选择困难症的入室窃贼，他四周有很多货物，但却只有一个背包，要怎么样才能够使他的收获最大化呢？前提条件是选取的货物组合必须要背包能够放得下。

　　实际上任何为出行打包过行李的人都或多或少面临过类似于背包问题的处境。图9-3中就是某人为参加彻夜露营所准备的一个背包和其他一些东西。

图9-3　背包问题

　　背包问题是一个离散型问题。背包问题最常见的一种形式是所选的东西数目固定，且每样东西一般最多只能选一次，被称为"0-1背包问题"。其他还有些变体的背包问题则允许每样东西重复选择。背包问题中给出的物品一般具有两个属性：重量和价值；并且也会指定背包能够承受的最大重量。此外你可能还会好奇背包的容积，但一般来说背包问题都不会考虑容积[①]。

9.3.2　背包问题求解的实现

离散型模拟退火算法很容易应用于背包问题，但要注意的是，表述问题的方式很重要。在背包问题中，解的形式是一个总重不超过背包限重的物品的列表。

因此对背包问题可能解的最佳表述方式是用一个向量，其维度等于可以放进背包的物品的数量。向量中每个物品对应的元素都是一个整数，代表着该物品的取用数量。比如，对图9-3中的备选物品就存在下面这种携带方案：

```
Coffee thermos (weight = 5, profit = 1): false
Baseball cap (weight = 1, profit = 1): true
Blanket (weight = 3, profit = 10): true
Bottle of water (weight = 2, profit = 25): true
```

背包限重为7，带上咖啡保温杯有点儿不值当，因此其对应的元素值为false；其他东西都值得带，因此对应的元素值为true。最终总重为6，低于限重7，加上保温杯就会超重，用保温杯代替其中任何一样东西又降低了总价值。

确定了解的表达方式之后，还要让模拟退火算法具有这些条件：

- 对每个解（即物品组合）进行评分的评估函数；

---

① Pisinger, 2003。

- 生成初始随机解的功能；
- 将当前解变换为新的随机解的功能。

模拟退火算法求解的始终是最小化问题，这一点在构造评估函数的过程中务必要注意。任务目标是要使得所选取物品的价值最大，理论上价值的最大值就是所有物品价值的总和，但除非背包能够放下所有物品，否则理论上的最大价值就怎么也不可能达到。

于是理论上的最大总价值和当前总价值的差就是最好的评分标准，并且因为几乎不可能出现背包能够放得下所有物品的情况，所以最佳得分也不可能为0——毕竟要是背包能够放得下所有东西，那这个问题就没有思考的意义了。反之，我们倒还可以尝试对方案进行优化调整。

还有一个要考虑的关键是：如果某个解的总重超过了背包限重应该怎么办。理想状态下，随机算法生成解的时候不会出现这种情况，但这也并不妨碍在评估函数中进行限重检测。如果所选物品超出背包限重，就应该给分数赋一个相当大的值，这样就可以标识出这是一个无效的选取方案，从而使算法丢弃这一结果。

要满足模拟退火算法的第二个条件，就要用某种方法初始化一个随机解。要初始化这第一个解，就要向一个空背包中放入物品，一次放入一个；只要放到背包超出限重了，就取出最后放入的物品，此时背包初始化完成。

要满足模拟退火算法的第三个条件，即要将当前解变换为新的随机解。要达到这一目的，就向背包中放入一个此前没有放过的东西，这样一来如果超出限重，则随机取出包内一个物品，若仍超重，继续取出一个物品，直到包内总重低于限重。此时的选取方案即为新解。

9.4　本章小结

本章介绍了如何使用模拟退火算法来解决离散型问题。离散型问题的解通常是一个有限集的元素，比如某区间内的整数就是离散的，颜色也是。

连续型模拟退火算法和离散型模拟退火算法之间差别不大，都要求以下 3 个要素：

- 评估函数；
- 生成初始随机解的功能；
- 在迭代可能的解的时候，对解做出微小改变（得到新解）的功能。

旅行商问题是离散型问题的一个例子，求解的是遍历一定数量的城市的最短可能路径。由于可能性太多，该问题无法使用暴力搜索的方法求解，但可以使用模拟退火算法来寻找一个相对较好的解。不过要注意的是，模拟退火算法的最终结果可能不是全局最佳值，因为求解该问题最佳值已经属于 NP 困难问题了。

背包问题也是离散型问题，该问题要求从一些给出的重量和价值各异的物品中，选出总重量不超过背包限重的物品放入背包，使得背包中物品在限重范围内的总价值最大。

第 10 章会介绍线性回归（linear regression）和广义线性模型（generalized linear model），作为对本书内容的总结。它们也是机器学习领域十分常用的两个统计模型，二者不论是单独使用还是作为更大型算法的一部分，都有不可忽视的价值。

第 10 章
线性回归

本章要点：

- 线性回归；
- 广义线性模型（Generalized Linear Model，GLM）；
- 链接函数（link function）。

本章主要介绍线性回归和广义线性模型，二者都是可以在输入向量和输出向量之间建立映射关系的相关统计学模型。输入向量可以包含多值，但输出向量必须是单值的。

线性回归模型可以在输入和输出之间建立简单的线性关系。只要数据关系是线性的，该模型就可以用于一些基本问题的学习。广义线性模型在线性回归的基础上增加了一个链接函数，大大增强了模型的建模能力，对非线性的情况也适用[①]。

10.1　线性回归

线性回归的宗旨是构建一个相对比较简单的线性模型，将输入映射为输出。对 x 和 Y 两个变量，很容易写出它们对应的线性函数，如

---

① Pedhazur, 1982。

式10-1。

$$Y=mx+b \qquad (10-1)$$

式10-1中，m为斜率，b为截距。该函数之所以被称为"线性函数"，是因为其函数图像画出来就是一条直线。在同一个坐标系下，曲线代表的则是非线性函数。

式10-2中给式10-1中的未知系数赋了值：

$$Y=0.5x+2 \qquad (10-2)$$

式10-2中，斜率为0.5，截距为2。图10-1就是式10-2对应的函数图像。

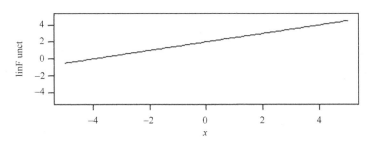

图10-1　式10-2对应的函数图像

式10-1是一个简单的单变量线性回归模型，一个线性回归模型只对应一个变量即称"单变量的"。单变量回归模型一个常见的示例就是鞋码和身高的对应关系。这个回归模型接受一个人的身高作为输入，并计算其对应的鞋码作为输出；或者是将鞋码作为输入，而输出对应的身高数据。训练这样一个模型的工作量主要是要找到能够正确反映身高和鞋码之间关系的斜率和截距值。

从图10-1可以看出对应函数是线性的，并且由于函数变化趋势是沿x轴正方向递增，因此斜率是正的。对应函数斜率为0.5，因此函数图像也不是很陡。而 y 轴上的截距为 2 说明，当 x 为 0 时，y 的值为 2。

但实际应用中，很多问题都有不止一个输入，这样的模型则称为"多变量的"。多变量线性回归跟单变量的情况差不太多，唯一的区别在于每个输入都有一个对应的加法项。此外模型中还是有"截距"这个参数。式 10-3 即为多变量线性回归的一般形式。

$$y_i=\beta_1 x_{i1}+\cdots+\beta_p x_{ip}+\varepsilon_i, \quad i=1,\cdots,n \qquad (10\text{-}3)$$

式 10-3 中，变量 x 表示输入向量，总共有 n 个输入，其中每个输入均乘以一个系数 β。式 10-3 末尾加上了一个 ε，表示"截距"。虽说多了很多项，但式 10-3 依然是线性的，任何这种形式的模型产生的图像都是一条直线。

我们主要研究的就是多变量线性回归，单变量线性回归实际上是多变量线性回归的一个特例，因此就不必"花开两朵，各表一枝"了。

β 和 ε 均为系数，其中 ε 是 1 的系数。这些系数就构成了模型的长期记忆。我们可以使用本书中讲到的任何训练算法来寻找合适的系数，以从训练集的输入得到预期输出。

10.1.1　最小二乘法拟合

训练实际上就是寻找与训练集最为匹配的系数的过程，只要有系数的值，计算线性回归的输出值就很容易。要想使系数拟合全部的训练样本是不大可能的，但训练会使得模型对训练集中样本的误差尽可能小。

大多数的线性回归相关资料都使用"拟合"一词来描述训练过

程，这两个术语实际上是一个意思。如前文（10.1节序言最后一段）所述，本书之前提到的任何训练算法都可以用来拟合线性回归模型的系数，因为这些算法都是通用型算法，对要拟合的长期记忆（即本例中的系数）没有什么特殊要求。接下来我们学习一种专为线性回归问题设计的训练算法。

通常来说，数学方法求解的结果总是比通用算法更快更好。要是你不懂什么数学方法，那就不管三七二十一，闷头用一个通用算法就是了，唯一显著的缺点就是训练时间可能会变长。当我偶尔使用通用算法的时候，总有个数学很好的朋友在边上说："你也太搞笑了，居然放着某某（此处可以替换为各种高级数学方法）方法都不用。"——当然我本身也很高兴能够学到这种新的更加快捷的方法。数学还真是博大精深，学无止境啊。

要想使用最小二乘拟合，接下来我们要先学习一种数学方法。这种训练算法对本书之前介绍的所有机器学习算法或者说模型都不起作用，全书唯一可以使用最小二乘法的模型就是线性回归模型——这也说明最小二乘法并不是一个通用算法。

要使用最小二乘拟合，需要先构造两个矩阵，称为*matrixX*和*matrixY*，两个矩阵的行数都等于训练集的样本数。矩阵*matrixX*保存训练集的所有输入，因为矩阵中每个输入都附带一个常数1，便于计算截距，因此其列数等于输入个数加1。矩阵*matrixY*保存的则是训练集中的所有理想输出，对线性回归问题而言，输出一次只有一个，因此*matrixY*的列数总是1。

利用这两个矩阵，就可以拟合得到较好的线性回归系数了。这里我们要用到一种被称为"矩阵分解"的线性代数方法，这种方法有很多不同的形式，本质上其实就是因式分解那一套。矩阵的因式分解就是把矩阵分解为两个矩阵，且满足这两个矩阵相乘的结果等于原始矩阵。

在求平方和的时候，用的就不是两个矩阵因子了，而是用QR分解来解方程组。QR分解在人工智能领域应用广泛，并且是最小二乘训练算法的核心[1]。

10.1.2　最小二乘法拟合示例

先构建一个用最小二乘拟合法将摄氏温度转换为华氏温度的线性回归模型。首先有以下训练数据：

```
0 -> 32
100 -> 212
```

上述数据表明0摄氏度等于32华氏度，100摄氏度等于212华氏度，我们要计算出能够产生上述预期输出的线性模型对应的斜率和截距。

我们还必须要构造 *matrixX* 和 *matrixY*。首先构造 *matrixX*，如前所述，实际上就是在输入后面附加一个代表截距单位的常数1，构造结果如下：

```
[0.0, 1.0]
[100.0, 1.0]
```

然后构造由理想输出组成的 *matrixY*：

```
[32.0]
[212.0]
```

下一步是用QR分解来分解矩阵，得到系数。由于我自己也还没

---

① 　Barlow, 1993。

有重新实现过这个"轮子"，因此我将不会给出QR分解的内部原理。并且在大多数编程语言中都有相当多现成的线性代数库可以选用，有些还十分高效，所以这一步操作我一向是直接调用线性代数库来实现的。当然你也可以选用语言自带的线性代数库或者GPU版的线性代数库。BLAS就是一个很常用的线性代数库，有个CUDA GPUs版本的BLAS被称为CUBLAS。在执行矩阵运算方面，GPU比CPU快多了。

我们根据 **matrixY**，使用QR分解来分解 **matrixX**，返回值就是与 **matrixX** 相乘可以得到结果 **matrixY** 的系数矩阵。尽管数据有两行，但系数却只有一组，这些系数对每行数据都可以得到最符合预期的结果。系数的运算结果是以下矩阵：

```
[1.8]
[32.0]
```

上述矩阵给出了斜率系数和截距，其中截距对应的是每个输入后面跟的常数1，如前所述即乘以常数1，因此将摄氏度转换为华氏度的线性模型如下：

```
f = (c*1.8)+32
```

这跟在维基百科和其他资料上找到的转换公式是一样的。

跟前面学习的迭代型算法不同，最小二乘法没有用到迭代，不必多次执行最小二乘操作。

 ### 10.1.3　安斯库姆四重奏

线性回归要求输入、输出之间的关系是线性的，但从数据点中强行拟合出一条直线是存在问题的。安斯库姆四重奏就是一个指出了线性回归问题所在的特殊数据集，图10-2所示为安斯库姆四重奏[①]的可视化结果。

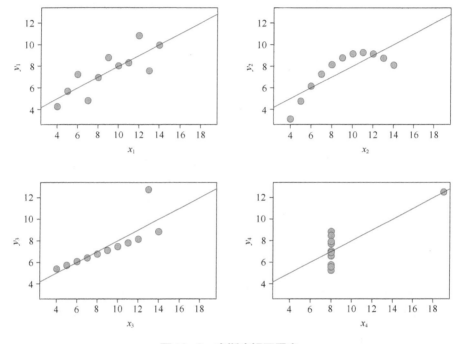

图10-2　安斯库姆四重奏

　　图10-2展示了4个不同的数据集，4幅图中数据点相互之间的区别很明显，但这4个数据集都拟合出了同样的线性回归系数，经过数据点的直线即线性回归的结果。而这4个数据集的线性回归结果相同则说明线性回归的机制存在一定的缺陷。

　　左上角的那幅图将数据点间的关系拟合得相当好，但右上角的数据集并非线性的，下面两幅图则表现了模型中离群值的影响。所谓"离群值"，指的是一小部分与其他大部分数据点完全脱离了的数

---

① 　Anscombe, 1973。

据点。

10.1.4　鲍鱼数据集

鲍鱼数据集中包含了鲍鱼的各项指标，下面以鲍鱼数据集为例来拟合线性回归模型。该数据集可从以下网址获取：

http://archive.ics.uci.edu/ml/datasets/Abalone

使用该数据集中的其他各项指标可以拟合出一个线性回归模型，用来预测鲍鱼的孔数。就跟树木的年轮一样，鲍鱼的孔数也象征着它的年龄。该数据集拟合出的模型输出如下[1]：

```
[0.0, 1.0, 0.0, 0.455, 0.365, 0.095, 0.514, 0.2245, 0.101, 0.15]
 -> [9.1279296875], Ideal: [15.0]
[0.0, 1.0, 0.0, 0.35, 0.265, 0.09, 0.2255, 0.0995, 0.0485, 0.07]
 -> [7.75634765625], Ideal: [7.0]
[1.0, 0.0, 0.0, 0.53, 0.42, 0.135, 0.677, 0.2565, 0.1415, 0.21]
 -> [11.0781 25], Ideal: [9.0]
[0.0, 1.0, 0.0, 0.44, 0.365, 0.125, 0.516, 0.2155, 0.114, 0.155]
 -> [9.5615234375], Ideal: [10.0]
[0.0, 0.0, 1.0, 0.33, 0.255, 0.08, 0.205, 0.0895, 0.0395, 0.055]
 -> [6.69970703125], Ideal: [7.0]
[0.0, 0.0, 1.0, 0.425, 0.3, 0.095, 0.3515, 0.141, 0.0775, 0.12]
 -> [7.7802734375], Ideal: [8.0]
[1.0, 0.0, 0.0, 0.53, 0.415, 0.15, 0.7775, 0.237, 0.1415, 0.33]
 -> [13.52197265625], Ideal: [20.0]
```

上述就是对应训练数据中每个鲍鱼的预测孔数和理想孔数。

---

[1]　Nash, 1994。

10.2 广义线性模型

广义线性模型的基础是上面讨论的线性回归模型，并使用链接函数进一步抽象广义线性模型的输出。广义线性模型可以使用的链接函数有很多种，并且由于广义线性模型的训练算法数学基础是微积分，因此链接函数必须要有导数。这类模型训练过程中导数的使用会在下一小节介绍。

广义线性模型的公式和线性回归很像，最大的不同在于广义线性模型多了一个链接函数。

广义线性模型如式10-4所示：

$$y_i = g(\beta_1 x_{i1} + \cdots + \beta_p x_{ip} + \varepsilon_i = x_i^\tau + \varepsilon_i),\ i=1,\ \cdots,\ n \qquad （10\text{-}4）$$

可能你也注意到了式10-4和式10-3很相似，这是因为本质上来讲，广义线性模型就是将线性回归的返回值传递给链接函数，在式10-4中，链接函数即 $g(\ )$，输入为 x，输出为 y，β 的值构成系数，ε 的值指示截距，就跟线性回归没有两样。唯一多出来的就是"链接函数"。

可选的不同链接函数有很多，最常见的一种就是逻辑函数。使用逻辑函数的广义线性模型通常被称为逻辑回归模型。逻辑回归的输出值要么是0，要么是1。

如果你想要对二分类的事物建模，逻辑回归模型是一个值得考虑的选项。逻辑回归的返回值根据输入二选一，"真/假""好/坏""买/卖"等，都有可能。如果选项超过两个，则可以使用本书前面介绍的径向基函数网络。

逻辑函数有时也被称作sigmoid函数，如图10-3所示。

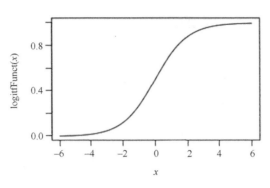

图10-3　逻辑函数

逻辑函数能够放缩线性回归的输出，并且有几个特别重要的特性：

- $g(-\text{Infinity}) = 0$；
- $g(\text{Infinity}) = 1$；
- $g(0) = 1/2$；
- $g(-x) = 1-g(x)$；
- 若 $x > y$，则 $g(x) > g(y)$，即单调递增。

逻辑函数的输出绝不会比0小，也绝不会比1大，因此0通常被映射为广义线性模型要预测的一个分类，1则映射为另一个分类。当 x 为0时，函数值为0.5，恰为（0，1）中点。

Sigmoid函数也是单调的；所谓"单调"，指的是函数随自变量的增大，要么递增，要么递减；单调函数的变化方向不会反转。

重权最小二乘训练

广义线性模型也可以用本书介绍的任何通用算法进行训练，但这种模型的训练也存在一种更快捷的数学方法，被称为"重权最小二乘训练算法"。该算法的理论基础是最小二乘法，但更加强大，还能应付添加了链接函数的情况。不同于最小二乘法，重权最小二乘算法是迭代型算法，需要反复执行，直到误差降到可接受的范围内才停止[1]。

重权最小二乘训练算法属于一种被称作梯度下降的训练算法。后向传播训练算法也是梯度下降的一种，如果你应用过神经网络的话，就应该对后向传播算法很熟悉。

梯度下降应用微积分的原理，求出当前长期记忆（即系数）条件下误差函数的梯度。这个"梯度"可以告诉我们要缩小误差应当增大还是减小各个系数的值，也就是说要计算链接函数的导数——而梯度下降的前提就是链接函数是可微的（即导数存在）。

函数的导数实际上是与该函数对应的另一个函数，其函数值反映的是原函数的瞬时变化率。假设有一个刻画某汽车任意时刻位置的函数，也就是说给函数输入时间单位10秒，函数能够给出在10秒时该汽车所在的位置，输入60秒则给出60秒时汽车的位置。要求这个汽车位置关于时间的函数的导数，就相当于要求出一个描述汽车任意时刻速度的新函数。

表现在图像上，函数任意点处的导数都是一条与原函数在该点相切的直线的斜率。图10-4函数图像表示的是误差值关于单一系数的函数。

图10-4中，曲线表示的是误差函数$e(\ )$关于系数w的变化趋势，直线则是误差函数在某个给定的w值处对应的导数，注意其中直线斜率表示的是原函数值的变化方向。优化任务的目标是将误差降低到位于区间（2.0, 2.5）内的最低点，当前的相切点在w=1.5处（即当前导数位置），因此根据原函数的斜率或者说"梯度"，应当增大w的值。正是由于整个过程都是沿梯度下降的方向在移动，所以这一过程就叫

---

[1]   Chartrand, 2008。

"梯度下降"。

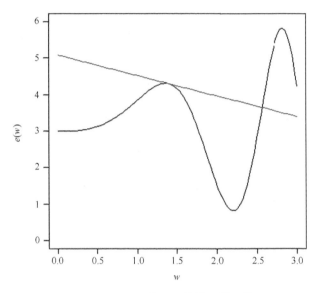

图10-4 关于单一系数的误差导数

　　在实际训练期间，程序无法将训练过程可视化，所能获得的信息就是当前系数值、导数值和在这基础上求得的误差值。根据导数的大小改变系数值，在下一次迭代中检测误差值减小了多少，并计算出此时的新梯度，继续改变系数的大小。这一过程一直要持续到误差值不再有明显减小为止。

10.3　本章小结

　　本章介绍了线性回归的两种形式：常规线性回归和广义线性回归。使用常规线性回归的前提是输入和输出之间存在线性关系，且其输出是一个单值。

　　在线性回归模型中，对应的"长期记忆"实际上就是公式中的系数，均可用本书之前讲过的训练算法进行训练，但有种数学方法（即最小二乘法）却可以很快计算出特定的系数值，使得模型输出和训练集预期输出的误差值最小。

在本系列书中，你会学到好几种快捷方法，其中既有可用于求解任何类型问题的通用算法，也有针对特定模型的专用算法。专用算法一般都是用数学方法来获得对特定模型的高效优化，最小二乘法和重权最小二乘法就是两个这样的例子。

本书向你介绍了人工智能领域的很多基本算法，本系列的后几卷会利用本书讲到的基本算法来构建更加复杂的算法。虽说这些算法一般都被用来作为复杂算法的基本构件，但它们本身也是非常有用的。

卷2的主题是"自然启发算法"。我们所能获取的真正的智能模型一个是人类大脑，另一个就是大自然，因此从大自然中获取灵感来设计我们的算法也是水到渠成的事情。遗传算法、遗传编程、蚁群算法、粒子群算法之类的算法都会在下一卷中讲解，并且下一卷中也会用到本书所讲的很多算法。

附录 A
示例代码使用说明

A.1 系列图书简介

这些示例代码都是还在写作中的系列图书的组成部分，可以访问本书前言中给出的网址关注系列图书的写作和出版状态。本系列图书包括以下几卷：

- 卷 0：AI 数学入门；
- 卷 1：基础算法；
- 卷 2：自然启发算法；
- 卷 3：深度学习和神经网络；
- 卷 4：支持向量机；
- 卷 5：概率学习。

A.2 保持更新

本附录介绍如何获取本系列图书的示例代码。

这可能是系列图书中变化最快的一部分了，各种编程语言总是在变化并且不断推出新的版本，我会适时更新这些代码，同时修复一些已知问题，因此最好使用最新版本的示例代码。

由于示例代码更新较快，因此如果以文件形式提供，可能会很快过时，所以建议你前往下述网址下载最新版本文件：

https://github.com/jeffheaton/aifh

A.3　获取示例代码

本书的示例代码提供多种编程语言实现，并且大多数分卷的主要代码包都包含Java、C#、C/C++、Python和R语言形式，社区也可能会补充其他语言的对应实现。所有示例代码均可在下述GitHub仓库找到：

https://github.com/jeffheaton/aifh

进入仓库后，有两种不同的方法可以下载示例代码。

A.3.1　下载压缩文件

GitHub有个图标，可以下载包含本丛书所有示例代码的ZIP压缩文件—— 一个压缩文件就包含全部代码，也因此该文件内容变化会很快，你最好在阅读每一分卷之前都下载最新版本的文件。下载请访问下述网址：

https://github.com/jeffheaton/aifh

即可看到图A-1所示的下载链接。

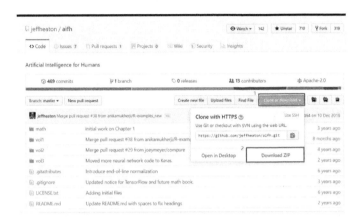

图A-1　GitHub对应代码仓库页面

A.3.2　克隆 Git 仓库

如果你的电脑上安装了版本控制软件Git，那么全部示例代码都可以通过Git获取。下面这行命令即可把示例代码克隆到你的电脑上（所谓"克隆"其实就是复制传输整个库文件的过程）。

```
git clone https://github.com/jeffheaton/aifh.git
```

还可以通过下面这行命令拉取最新的更新：

```
git pull
```

如果需要一份Git指南，可以访问下述网址：

https://git-scm.com/docs/gittutorial

A.4　示例代码的内容

用下载文件的方法获取示例代码，则整个系列图书的示例代码都在一个压缩文件中。

一打开文件，就可以看到图 A-2 所示的内容。

图 A-2　下载的示例代码文件

其中 LICENSE.txt 文件内容是示例代码所用的开源许可证的信息，本丛书所有示例代码均基于开源许可证 Apache 2.0 发布，这是一个自由且开源的软件许可证。该许可证意味着我不保留对该文件的版权，同时你还可以将其中的文件用于商业项目而不需要获得进一步的许可。

本书源代码可以免费获取，但书籍内容不行。这些书都属于我以各种形式售卖的商品，虽然我都以无数字版权管理（Digital Rights Management，DRM）的形式发布，但你无权重新发布具体的书籍内容，不管是 PDF 格式、MOBI 格式、EPUB 格式还是其他什么格式，一律不行。您的支持是我最大的动力，也是系列图书能够顺利完成的保证。

下载文件中包含两个 README 文件[①]。其中 README.md 是一个包含图片和格式化文本的 markdown 文件，README.txt 则是纯文本文件。二者包含的信息都差不多。要了解更多关于 markdown 文件的信息，请访问下述网址：

https://help.github.com/articles/github-flavored-markdown

---

① 实际上现在只有 README.md 文件了。——译者注

在下载好的示例代码文件中，在好几个文件夹中都可以看到 README 文件，其中最上层文件夹中的 README 文件包含的是关于本系列图书的信息。

你还可以看到文件中包含的每一分卷单独的文件夹，分别名为 vol1、vol2 等。你看到的可能不是全部的卷目文件夹，因为整个系列还没有写完。每个卷目文件夹的结构都一样，比如你打开卷 1 对应的文件夹，看到的会是图 A-3 所示的内容。

图 A-3　卷 1 对应文件夹的内容

在这个文件夹中，你又看见了两个 README 文件，其中包含的是针对这一卷的信息。在 README 文件中，最重要的信息就是示例代码的当前状态。因为社区经常会提交示例代码，所以部分示例代码可能并不完全，这时该卷对应的 README 文件就可以提供这一重要信息。此外，每一卷的 README 文件中还包含了该卷对应的勘误表和常见问题解答。

你应该也看到了名叫 chart.R 的文件，其中包含的是我用于创建本书中很多图表的源代码。我使用 R 语言创建了本书中几乎全部的图表，该文件则让读者能够看到图表背后蕴含的公式。由于这部分 R 代码仅仅用于我的写作过程，因此我也就没有把这个文件转换为其他语

161

言。要是我创建图表用的是其他编程语言，比如说Python，那你看到的就应该是一个名为chart.py的文件，其中包含对应的Python代码。

你也可以看到卷1中包含了C、C#、Java、Python和R的示例代码，这些都是我力求提供完整代码的主要语言，但同时你也可以看到后来补充的其他语言。再强调一遍，一定要核对README文件中关于语言移植的最新信息。

图A-4所示是一个典型的语言包中的内容。

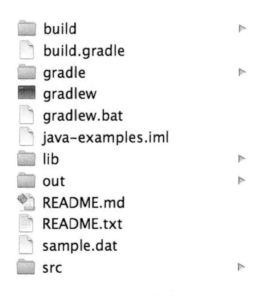

图A-4　Java语言包

注意到README文件没？各个语言文件夹内的README文件非常非常重要。上图的README文件内容是在Java环境中使用示例代码的指引。如果使用书中某种语言的示例代码出现问题，首先就应该看看README文件。上图中其他文件都是Java文件夹中独有的，README文件提供了更多相关细节。

A.5　如何为项目做贡献

你想把示例代码转换为另一种新的语言吗？你有发现什么疏漏、拼写错误或是别的地方有问题吗？我想可能是有的。现在，只要在该项目基础上分叉出一个分支，并在GitHub上推送提交修订，你就可以成为不断增长的项目协作者群体中的一员。

整个过程始于"分叉（fork）"操作。你创建了一个GitHub账户并分叉了一个AIFH项目，这样就产生了一个新项目，相当于是AIFH项目的副本。然后用跟克隆AIFH主项目差不多的方式克隆你的新项目，对新项目做出改动之后，就可以提交一个"拉取请求"（pull request）。在收到你的请求之后，我就会审核你的改动或是补充，并将其合并（merge）到主项目中去。

关于在GitHub上进行协作的更多、更详细的内容参见下述网址：

https://help.github.com/articles/fork-a-repo

参考资料

这里列出与本书内容相关的参考资料。

Anscombe, F. J. (1973). "Graphs in Statistical Analysis". *American Statistician.*

Bäck, Thomas, Evolutionary Algorithms in Theory and Practice (1996), p.120, *Oxford Univ.* Press.

Banzhaf, Wolfgang; Nordin, Peter; Keller, Robert; Francone, Frank (1998). *Genetic Programming–An Introduction.* San Francisco, CA: Morgan Kaufmann.

Barlow, Jesse L. (1993). "Chapter 9: Numerical aspects of Solving Linear Least Squares Problems". In Rao, *C.R. Computational Statistics. Handbook of Statistics 9.* North–Holland. ISBN 0–444–88096–8.

Behzad, Arash; Modarres, Mohammad(2002), " New Efficient Transformation of the Generalized Traveling Salesman Problem into Traveling Salesman Problem".

Bishop, *Christopher M.*(1996)*Neural Networks for Pattern Recognition. Oxford University Press.*

Bostrom, Nick "Are You Living In a Computer Simulation?" *Philosophical Quarterly*, 2003, Vol. 53, No. 211, pp. 243–255.

Box, G. E. P. and Mervin E. Muller, A Note on the Generation of Random Normal

Deviates, *The Annals of Mathematical Statistics*(1958), Vol. 29, No. 2 pp. 610–611.

Chartrand, R.; Yin, W. (March 31 – April 4, 2008). "Iteratively reweighted algorithms for compressive sensing". *IEEE International Conference on Acoustics, Speech and Signal Processing (ICASSP)*, 2008. pp. 3869–3872.

Das, A. & Chakrabarti, B. K. (2005). Quantum Annealing and Related Optimization Methods, Lecture Note in Physics, Vol. 679, *Springer, Heidelberg*.

Deza, Elena & Deza, Michel Marie Deza (2009) Encyclopedia of Distances, page 94, *Springer*.

Draper, N.R.; Smith, H. (1998). Applied Regression Analysis (3rd ed.). *John Wiley*. ISBN 0–471–17082–8.

Fisher,R.A. "The use of multiple measurements in taxonomic problems" *Annual Eugenics*, 7, Part II, 179–188 (1936).

Green, Colin (2009). "Speciation by k–means Clustering".

Guiver, John P., and Klimasauskas, Casimir, C. (1991). "Applying Neural Networks, Part IV: Improving Performance." *PC AI*, July/August.

Hamerly, G. and Elkan, C. (2002). "Alternatives to the k–means algorithm that find better clusterings". *Proceedings of the eleventh international conference on Information and knowledge management (CIKM)*.

Harris, Zellig (1954). "Distributional Structure". *Word 10* (2/3): 146–62.

Koch, Christof (2013). "Decoding' the Most Complex Object in the Universe" *Science Friday*, June 14, 2013.

Krause, Eugene F (Apr 2, 2012). Taxicab Geometry: An Adventure in Non–

Euclidean Geometry, *Dover Books on Mathematics.*

Lial, Margaret, Hornsby, John, Schneider, David I., Daniels, Callie. (2010) College Algebra (11th Edition). *Pearson.*

Lyons, Richard G. (November 2010) Understanding Digital Signal Processing (3rd Edition). *Prentice Hall.*

Masters, T. (1993). Practical Neural Network Recipes in C++. New York: *Academic Press.*

Matsumoto, M.; Nishimura, T. (1998). "Mersenne twister: a 623–dimensionally equidistributed uniform pseudo–random number generator". *ACM Transactions on Modeling and Computer Simulation.*

Marsaglia, G.; Zaman, A. (1991). " A new class of random number generators". *Annals of Applied Probability 1* (3): 462–480.

Nash, Warwick J, Sellers, Tracy L., Talbot, Simon R, Cawthorn, Andrew J.& Ford, Wes B. (1994) " The Population Biology of Abalone in Tasmania. I.Blacklip Abalone (H. rubra) from the North Coast and Islands of Bass Strait", *Sea Fisheries Division, Technical Report No. 48* (ISSN 1034–3288).

Nelder, John A.; R. Mead (1965). "A simplex method for function minimization". Computer Journal 7: 308–313.

Pedhazur, Elazar J (1982). Multiple regression in behavioral research: Explanation and prediction (2nd ed.). New York: *Holt, Rinehart and Winston.* ISBN 0–03–041760–0.

Pisinger, D. 2003. Where are the hard knapsack problems? Technical Report 2003/08, *Department of Computer Science, University of Copenhagen,Copenhagen, Denmark.*